創意龔作心得報告

The Giant Little Book of Creativity

articles 138 - pages 320 | words 97,129 - days 8,030

龔大中

究方社創意總監　方序中

好像沒說什麼，但卻每件事都很重要。

創意人用力過生活，用不同於一般人的眼睛觀察，所以能將一件平凡事變成曠世經典。這本書幽默又充滿節奏，就像我認識的大中，每次都是從閒聊裡面獲得了意想不到的收穫。沒事多翻，多翻很有事，會讓你忍不住，一起加入創意人的世界。

夢之怪物創意總監、創辦人　李宗柱

幾個人喝完酒，半夜在酒吧門口比腕力。大中一路挑戰，即使對手體型小他好幾號，他都用盡全力的輸，大家笑到臉不成形。等車時，大中說起爸爸第一次跟他比腕力，是大中贏。從此，他覺得自己好有力量。我想，大中也是故意讓我們贏的吧。大中是一個在生活中，用說故事帶給別人力量的人。讀這本心得報告，讀到許多珍貴的廣告知識和故事，也讓我再一次贏得力量。

聯廣傳播集團創意長　狄運昌

　　很開心可以先看到大中的這本新書！這不只是他的工作心得報告，更是大中無私分享他在二十年廣告生涯中所領悟的精華，其中有寶貴的觀念、有趣的軼事，也有值得借鑑的省思和他獨到的創意祕訣；我深信一本好書可以改變讀者的人生，我自己就是看過大衛奧格威談廣告一書後，轉行投入廣告業至今，相信如果你看完這本《創意龔作心得報告》，也會和我一樣充滿著收穫和啟發，更可能因此找到了人生的別解。

台灣電通首席創意長　周麗君

　　有一群人，住在商業與藝術的交接處，妥協與堅持的灰色地帶，他們叫廣告創意人。

　　其存在絕非靠著純粹的熱情或執著的信念，如果你想知道，那些創意從哪來？怎麼開始？怎麼發生？

　　這本真好看，大中把我想說的，都寫出來了。

紅氣球書屋主理人　林彥廷

創意或許沒有準則，但這本書可以成為任何創作者一盞暗夜裡的隙光，沿著光，一窺創意人龔大中創作的每一步。二十年的精華，二十年不藏私的故事，第一手熱騰騰的真實呈現。

表演工作者　邱彥翔（全聯先生）

透過《創意龔作心得報告》；

可以發現創意的厚度，

是來自於生活的廣度。

五月天　阿信

五月天的大中導演

因為大中擁有多方面不同才華，以至於每個人對他都是不同稱呼，總監、作者、創意長……。你也許不認識他，但你絕對閱聽過他參與的廣告、文案、甚至音樂錄影帶。

我都叫他「大中導演」，因為他為五月天拍攝了〈第二人生〉、〈成名在望〉這兩首重要的歌曲 MV，在每次樂團定位的分水嶺中，他都以宏觀而犀利的影像與內容，為五月天以影像帶給觀眾想像不到的角度與高度。

這次大中的新書《創意龔作心得報告》，集結了他在每個不同職稱背後精彩的所知、所學、所想、所感，還包括了為五月天

拍攝的兩支影像作品的幕後祕辛（？！），也為華文創意史留下珍貴的紀錄。

為了怕大中導演太忙，我就不客氣的在這邊一邊推薦他的新書，一邊跟導演預約排隊下一次的 MV 拍攝囉 (> ∇ <)！

滾石文化董事長　段鍾沂

跟奧美有三十年的交情，我的觀察和體會是⋯⋯奧美明明是一家廣告公司，卻又不像是一家廣告公司。奧美人文氣息濃厚，喜歡隨心所欲，勇於暢所欲為，把自己攪成了一家有些任性卻也勇氣十足的創意精靈。這種奇妙的特質在龔大中接任奧美創意長之後，顯得更為強大。這幾年奧美的團隊在大中的引導下，所創作的作品件件都靈氣十足，用情至深。大中是怎麼辦到的？也許這本書就是答案。——以上純屬個人感受，僅供參考。

奧美集團首席創意顧問　胡湘雲

這是一本流水帳，也是一本功名錄，是一本成長日誌，也是一本自拍寫真。

時而低眉自省時而志得意滿，時而意在言外時而掏心掏肺，是定論也是未完待續，在江湖更在溫室，廣告人日常，喋喋不休，掠影浮光。

偉門智威首席創意顧問　常一飛

大中，一位讓人羨慕嫉妒恨的同行

　　在得知大中要寫一本關於他從事廣告創意歷程與心得的書時，就在想他哪來這麼多的創作能量，才剛出了一本書《迷物森林》，而工作上有那麼多的事情，工作外還有那麼多的活動！他不但做得精彩還「玩」得開心。

　　看了這本書，感受到大中對廣告、對創意就是一個字——Passion！大中用類似宗教狂熱分子的態度，熱烈的學習、思考、實踐，並且無私的奉獻。看得我頻頻點頭，充滿了認同與學習。

　　朋友我看你骨骼精奇，絕對是創意的奇才！這本《創意糞作心得報告》它絕對不只是一本創意工具書，更多是廣告心法上的精華淬煉。

演員　張鈞甯

　　替一本聊創意的書寫序是一件十分困難的事，因為不管怎麼寫都會顯得很平庸，於是，我想，還是來聊聊大中吧！

　　跟大中相識在我第一部電影《夢遊夏威夷》的同事黃泰安的婚禮上，那時還不太知道廣告人跟我的未來有什麼關聯，誰知時隔七八年，我們竟成了很好的朋友，分享許多生命中的點滴，還有機會一起到異地進行一段永生難忘的旅程。

　　記得當年被異國宗教及多元文化深深吸引而踏上了旅程，沒想到一下飛機，各種跌破眼鏡的騙術就在旅程中開啟，從在機場換錢開始，匯率與市場行情相差甚巨，再到街道上各個攤販，亂開價無所不用其極想賺走你身上的每一分錢，甚至把我們往賣家最深的房間內拉去，要介紹我們買貨品，後來聽說，有些單獨去旅行的女生，從此消失音訊。

　　然而在奇幻的路途中，大中總能將發生的事形容成有趣的事件，用很開放的心去看待一切，一邊形容我們是「三個傻瓜」遊世界，又將我們用了不太合理的高價購得了地毯，形容我們是誤打誤撞購買阿拉丁神毯，他說，我們在這個充滿異國情調跟宗教神祕色彩的地方，每件事的發生，必定有老天要給我們的啟發與神蹟，因此，即便最後不聽所有人勸阻，在上飛機前，我們還是體驗了路邊的瓦罐優格，以至於下飛機後我拉了七天的肚子，還覺得是老天在幫我排出各種細菌……雖然聽起來這段行程有點荒

謬，但大中帶著我們快速轉換心情，使得本來有點驚險的旅途，變成一場黑色幽默的公路電影，每每想起來，還是會會心一笑。

想爆大中的料，但我想起更多的還是他的細膩、觀察入微、同理心、堅持，以及即便永遠很幼稚卻還是讓人開心他依舊保有的善良單純和初心！能夠擁有像大中這樣有趣的朋友，就像在生命中多開了一扇窗，讓自己用不同的角度看事情。生命本來就充滿試煉與考驗，我想能帶著開放的眼睛與幽默感去看世界雖然是一件很難的事，但過程中卻可以慢慢累積，讓自己繼續感恩並且成為一個很大器的人，這也會是人生中一份重要的禮物，送給自己的，也送給你生命中所遇到的每一個人。

好了，這篇序文，的確是為了成為對照組而存在的！接下來的正文，每一篇都能讓你身心愉快，請好好享用！

VERSE創辦人暨總編輯　張鐵志

大中無疑是台灣最厲害，也最知名的創意人。廣告本來就不只是販賣商品，而是在傳遞訊息，在創造文化想像，甚至跟時代對話。而他能不斷透過一次次的廣告，影響了社會看待事情的方法。很高興有了這本書，讓我們看到創意背後的祕密。

INCEPTION 啟藝策展人 梁浩軒 Ocean

不用通訊軟體的大中，偶而我們在「簡訊」裡聊起天，

慫恿我買勞力士。

我說：我不戴手錶。

他說：那不是手錶，那是勞力士。

愚人節。我們來交換角色一天吧！

你來當策展的龔大中，我去當廣告的 Ocean。

他客氣的說會把我公司搞砸，其實應該是我會把他客戶嚇跑。

來做妖怪展。

好啊，那就把客戶名單列出來，排成一排。

沒想到，男人與男人之間的幹話，

連篇起來就成為大中自己書的推薦文。

大中是很多人的偶像。

我以後也要當策展界的龔大中。

共想聯盟願景長、台灣奧美共同創辦人　莊淑芬

　　沒有什麼能打敗善良，只不過善良必須掌握話語權，才能發出閃爍光芒；在芸芸眾生的廣告界，大中給我的感覺即是如此。在穿越時空中循循善誘細數家珍，敘述正史或聽聞軼事，隨手捻來都是廣告知識與常識。寄望大中繼續領航，讓廣告重返榮耀！

電通國華董事總經理暨創意執行長　陶淑真

　　坦白說這疫情期間我被 Youtube 綁架了，文字書看得不多，謝謝大中把我拉了回來，跟著大中的文字時光機進入了大中創意奇幻旅程，在吉光與片羽之間，在 3 維與 4 維的創意時空裡，我彷彿看到了自己錯身而過的片段，也看到了初衷。

IKEA 北亞區行銷總監　程耀毅

　　都說歲月是把殺豬刀，但大中不藏私地分享了他過去二十年，如何一路跌撞學習磨出不只一把屠龍刀的過程，誠摯且動人。大中和我，奧美和 IKEA，有情感交流，也有火線交錯。謝謝他的記錄，讓我們得以在工作及生活裡，找到自己心中的那個小孩。

全聯行銷部協理　劉鴻徵

一般而言，創意是將兩個不相干的東西結合在一起，並產生新的意義。大中這本書，一定是他在每個腸枯思竭的深夜，靈光乍現的感觸筆記。

的確，創意絕不是天分，是可以訓練的，重點是創意不是一個人的武林，他靠他的創意修煉祕技，帶領奧美團隊得到源源不絕的創意表現。

在數據短效當道的時代，對搭建品牌護城河仍有信仰的廣告人，行銷人，非常值得閱讀。

陽獅集團創意合夥人　蔡明丁

認識大中近三十年，從同一天上輔大廣告，到同一天上奧美廣告；從二十歲的眼淚，唱到四十歲的目油，我最佩服他的是他的記憶力，以及將記憶細節裡的天使與魔鬼，化為一件件創意作品的能力，或該說是天賦。而他無私地將這天賦，化為這本書。

奧美集團執行創意總監　蔣依潔

曾寫過跑步、生活體會、戀物品味的書，大中跟我說過不想寫「廣告創意相關」的書，「太理所當然有點無聊」。但我很高興這本書終於面世，因為這是他做創意二十多年來，每天日記裡真誠思索的精華：真材實料，絕不無聊。

詩人導演、創意人　盧建彰

我恨你，此刻正看這書的你

大中在大學兼課，每次找我去分享，最後我一定對同學說上一句：「我超羨慕你們，我讀書時可沒有龔大中願意來學校教書。要是有的話，我今天一定不只這樣。」

我和大中同年又曾同組五年，書中許多情境（困境）我都身歷其境，幾位敬佩的大師前輩，當時的教訓，確實都很有啟發，如今都十分受用。

大中毫不藏私慷慨分享，讀來超過癮，彷彿我的二十年也在眼前快速流轉，而且都是精華濃縮版，文字又十分淺顯，沒有在掉書袋假裝厲害，可能是我今年讀到最能教我東西的書了，而今天是十二月二十六日，恐怕不太有書能追上了吧！哈哈。

我來貢獻一個大中也在場的創意小故事：那時澳洲 ECD 馬克找我們進會議室討論創意，他用英語講了句：「你們如果沒有想法，就不用進會議室。」

生性白目的我，想說外國創意人果然自由自在，於是立刻問了句：「這麼好，那可以回家嗎？」那時應該才下午一點多吧，哈哈，我就想翹班。

結果馬克微笑地說：「可以啊」，我喜出望外，想說好好噢，但馬克繼續說：「基本上，你如果沒有想法，對我而言，你根本不存在。」

我心想，馬克講話真機車。

他又繼續補刀：「如果你沒有要想，那最好別進會議室，因為你進來了還會消耗我們大家的氧氣，影響我們大腦的思考」，講完他還對我調皮地眨眨眼，微微笑。

後來，我一直放在心上，馬克的意思是「你不必假裝」，有就有，沒有就沒有，沒有就快去想，不要假。

從此我不再假裝加班，我寧可離開辦公室去跑步，讓自己自由發想，而不是從眾但虛假。

我想，最好的創意都源於真實，最好的創意人，都很真誠，這是本誠意之作，我超推薦，唯一的問題是它此刻才出現，而我已經浪費了二十年。

多羨慕此刻正在讀的你。

不，我恨你，如此幸運！

偉門智威管理合夥人　薛瑞昌

面對困難和不合理，多數人成為了「只能這麼做」的人，

但總有一些不放棄的，成為了「還能怎麼做」的人。

這本書不會幫你想 IDEA，但能讓你看看一個創意人如何用信念和熱情，讓自己成為美好而獨特的作品。

奧美整合行銷集團執行創意總監　謝陳欣Jimi

以為讀著他分享創意的經歷，其實是鍛鍊有素的自律。

你們讀的不是回憶錄，因為這二十年來的影響至今在他身上仍然清晰。這本書希望你對待創意最好的方式，就是不要讓影響你的事默默經過，將它們留在你思考的習慣裡。

設計師　聶永真

雖然書名走老派諧音路線（燦笑），讓一口答應推薦的我感覺寒冷，後來竟也津津有味心房發熱哀呦威壓地一個下午看完了整本。這本書不僅為廣告人而寫，更是寫給任何領域創作者的一本「好煩喔真是點頭如搗蒜」的超自然身心靈開竅筆記。

導演　羅景壬

近廿年，我與大中分工合作，說服過許多客戶，完成理想的作品。

「分工合作」是實況，也是事實的表象。關於說服客戶，大中從來不走捷徑、避重就輕，也就是說，關於我們的分工合作，事實上是他領導我。

**資深廣告營銷人、全球知名品牌大中華區市場營銷總監
蘇宇鈴**

聰明絕妙的創意想法，汗流浹背的絞盡腦汁，大中把二十年來累積的創意知識，用輕描淡寫的文字，娓娓道來。像極了一瓶波爾多老酒，雄厚卻溫柔。這是非常龔大中的風格，也是獻給所有創意工作者，一份無私的寶藏。

把身為創意人的幸運，
分享出去

可以擁有「創意人」這樣的身分，把「創意」當成一份餬口謀生（或者說虎口求生）的工作，讓我一直覺得自己是個十分幸運的人。

這大概是我十八歲讀高三時開始的夢想，我考進輔大廣告系，畢業、退伍之後，像中樂透一樣進入奧美廣告從約聘文案開始了我的創意生涯。然後我變成正職文案、副創意總監、創意總監、群創意總監一直到我想都沒想過的執行創意總監、創意長。看似平步青雲、幸運順遂，其實不然，過程中雖然沒有什麼值得紀錄書寫的豐功偉業，但在我所記得的、印象中的每個片刻、階段，都是非常非常艱困而痛苦的，這跟工作量的多寡、時間的長短、待遇的高低無關，而是創意工作的本質，坦白說，那種追求完美的、自尋煩惱的、不放過自己的、可怕的創意人的天性，一直壓得我喘不過氣，經常思考著要不要乾脆放棄算了。

說起來跟我最愛的跑步很像，即使每天十公里跑了不知道多少年、多少趟，每次出去跑步，在吸吸吐～吸吸吐～就要喘不過氣的路上，心裡還是無可避免地有著要不要就此停下來的掙扎。好險，我沒有放棄，於是，我得以享受跑步帶給我的樂趣和好處；好險，在創意的路上，我也沒有放棄，於是，我得以享受身為一

個創意人的幸運。

　我有幸可以讓腦海中的種種想像被實現成真，被看見、被討論；我有幸為我的客戶、我喜愛的品牌創作，讓人們可以跟我一樣喜愛他們；我有幸藉由一則又一則廣告，向消費者推薦那些美好的商品和服務；我有幸說著故事，傳遞我相信的態度和價值觀，滔滔不絕；我有幸讓我生活的社會、我存在的世界，因為我的想法而變得更美好，哪怕只是一點點都好；我有幸跟那麼多精彩、優秀的夥伴一起工作，他們是傑出的業務、傑出的策略、傑出的製片、傑出的導演，還有比我更傑出的廣告創意人。

　當然，我之所以能成為現在這樣幸運的我，還要感謝一路上太多太多的人無私地伸出援手，或者不求回報地教導過我。而這也成為此刻的我最想做的事情之一，就是盡我所能去幫助和曾經的我一樣，對創意工作懷抱熱情、想望，卻帶著某些迷惘和不確定的年輕新血。我想，這或許是報答發生在我身上的幸運和那些有恩於我的人，最好的方法。

　所以在我工作屆滿 20 年的時候，決定寫這本以前一直覺得難為情，或者「有什麼好說嘴扯淡的？」而遲遲無法動筆的書。我想做一個類似段落句號的暫時總結，一個關於知識和經驗盡可能的整理打包，一個嘗試存放某些有價值或意義事物的紀念儀式，一個可以沒有保留地被分享、自由取得的創作文本。把我所獲得的，關於創意的所知、所學、所想、所感，通通傳遞給需要和想要的人。

我常被問到「創意是怎麼來的？」《Eat Pray Love》的作者Elizabeth Gilbert 說創意並非來自人類，而是有個創意之神從遙不可知的地方，為了遙不可知的理由走向人類，一直暗中協助我們創作。創意人就像一個容器，裝盛著上天賦予的神聖而不可知的意旨；創意人也像一個載體，負責執行祂所託付的任務和要我們訴說的故事。我深深相信甚至迷戀這種說法，從事創作的人，都應該懂得惜福，學會感恩，樂於分享，才不枉費上天對我們如此特別的眷顧。

　　願創意之神繼續保佑你我，幫助你我，一起創作出像花一般美麗而莊嚴的作品。

目錄 |

觀 點

創 作

古光

做人

相信

起源

到底創意是從哪來的？我也一直很想知道。

OI | 相信自己正與神同行

我相信創意之神的存在。

《享受吧！一個人的旅行》作者伊莉莎白‧吉兒伯特在 TED 有一場名為《與天才攜手創作》的演講中提到，古希臘羅馬時代的人們相信創意並非來自人類，而是一種具有神性的幽靈 Genius，這是「天才」真正的原意。

我在拍攝多喝水十五影展短片《跳舞吧 牧牧》時，就曾遇上祂出手幫忙，解決了包括演員、音樂、舞蹈、燈光、時間、天候……一千個不可能拍好的難題，讓我甚至覺得片子好像不是我拍的。飾演爺爺的阿美族長老形容那是 HANA HODOOL，美麗而莊嚴的神，「願所有成就、榮耀歸於馬拉道（意思等同感謝主）。」

在創作中有太多太多無法解釋的天分、靈感和機遇，瘋狂而變化無常，如果說一切來自上天，真是絕對成立的完美解答。是的，你得學會與祂共處，做出好作品時，別驕傲自滿，那不只是你的功勞；不小心搞砸時，也別沮喪自責，可能就怪祂有點偷懶。

好人有好報，從事創作的人，一定要好好做人，善良而認真地生活，謙卑而努力地工作，好的創意自然會降臨在你身上。相信創意之神會繼續保佑你，這樣的感覺讓你變得放鬆、自在，更有吸引力……我說的是，吸引點子找上你的正能量。

O2 ｜ 創意在你心中那個小孩手中

　　小時候的我不喜歡打電動（現在還是），而且也不是很愛跟大夥兒玩在一起，最常做的事就是一個人在房間圍上披風拿著寶劍幻想各式各樣武俠戰爭和英雄打怪的情節，或者操控公仔演出我支配主宰的宇宙和荒誕至極的神話。那些精彩絕倫、天馬行空而且源源不絕的鬼點子，應該是我最富有創造力的人生巔峰。

　　長大之後呢？雖然很多人覺得我沒有長大，幼稚、天真、孩子氣是經常用在我身上的形容詞，但我自己知道，現在的我比起當年的我，差了一大截。創意在哪裡？它在你心中那個小孩手中！所以因為從事創意工作的關係，我一直理直氣壯地努力讓自己更幼稚、更天真、更孩子氣。

　　印度奧美要求每一個進入他們辦公室的人都必須簽下這個切結書：

我就此辭去成人一職

我決定重新負起六歲小孩的責任。
我要揚帆渡過泥塘，擲水漂漾起陣陣漣漪。
我相信糖果比錢好，因為糖果可以吃。

我小歇時踢兒童足球，上美術課畫水彩畫。

我要再跟妹妹打架，扯她的馬尾巴。

我要因為打破媽媽的寶貝花瓶覺得害怕。

我要回到生活簡單，只有色彩、加法、乘法表和兒歌的時候。

那時我還不知道現在所知道的事情。

我要相信世界公平，每個人都是好人，什麼事都有可能。

我要天真的相信大家都快樂，因為我快樂。

我要再一次走在沙灘上，只想著趾間踏的沙和將要找的美麗貝殼。

我要再一次整個下午爬樹騎單車，想著長大以後要幹什麼，而不是這個計畫砸掉怎麼辦。

我要再次簡單⋯⋯是的，簡單過日子。

我不要整天想著壞消息，想著超支的日子怎麼過，醫生帳單、流言蜚語、病痛纏身和失去所愛的人。

我要相信微笑、擁抱、溫暖話語、真實、夢想、和平、愛、想像力、人類、聖誕老公公、小仙子和親吻的力量。

我要相信爸媽是世上最強最聰明的人。

我要再一次變成六歲。

_____（簽名）

難怪這間辦公室的創意那麼強。

O3 | 創意力，
源自創意「慾」和「team」

接受採訪時常被問這題：「有沒有遇過創意瓶頸、想不出東西的時候？」我的答案是：「沒有。」真的沒有耶。

某次有幸跟從小崇拜的音樂詩人創作才子陳昇大哥喝酒聊天，他的說法是：「怎麼可能想不到 IDEA？每天打開報紙那麼多有的沒的光怪陸離新鮮事……」也是很有道理。

我則是覺得想不想得出東西跟創意力無關，重要的是創作的慾望，「你想創作」和「你為什麼想創作？」才是關鍵。套用 Simon Sinek 的黃金圈法則（The Golden Circle）就是創意人的 WHY，你必須找到它。「你為什麼要做創意？」我經常問自己這個問題，「想讓自己被看見」、「想滿足得廣告獎的虛榮心」、「想幫品牌發光發熱」、「想感動人心，哭或笑，改變態度或影響行為」、「想創造一種叫做意義的東西」、「想造福人類甚至拯救世界」……每個時期的答案不盡相同，但只要有 WHY，知道自己為何而創，保有慾望，自然就會想方設法、無所不用其極地找到力量。

另外一個絕對不會沒有創意力的原因是，創意是百分之百的 team work，是團體戰，就算你真的沒有創意、想不出來或陷入低潮時，請記得，你的隊友都在，你有 team，怕什麼？

04 | 創意是可以訓練的,真的

　　創意能訓練嗎?當然!為什麼這麼肯定?因為我有證據。

　　在復健科候診看到雜誌誘人的封面故事「有錢人的大腦祕密」,一讀才發現不是教你變有錢,而是大腦發育的科學真相。人們一直以為大腦神經元細胞在出生前或後不久就底定了,但科學家發現掌管洞察、歸納、推理的前額葉其實 25 歲才發育完成,且即使神經元數量固定後,人類過了 25 歲仍然能藉由學習刺激腦力,也就是強化神經元間的連結。BBC 紀錄片《The Human Mind》以穿越兩山間的峽谷比喻,第一次查英文生字時,就像把帶繩索的鋼錨拋向對岸,細繩索串起兩個神經元(例如蘋果和 apple),重複多次,稱為突軸的神經元連結處表面的髓鞘質強化,通路就會從繩索變吊橋、變大橋、變高速公路,之後看到單字就能不假思索地反應。如果我們在腦中持續建構四通八達的條條大路,就能大量且快速地運用、串接、聯想各種存放在神經元的知識、經驗、記憶。

　　創意的原理,不就是舊元素新組合,在看似不相干事物間尋找關聯性的「搭橋」嗎?正巧跟大腦成長的模式完全相符!科學家也發現所謂「三思而後行」、「觸類旁通」或「舉一反三」其實就是多接觸、多練習、多思考,刺激大腦的連結,打造周密靈

活的思慮，前提是學習必須夠寬夠深。據說讀很多書的孫大偉學長最神的是，不管想說什麼，都能立馬從浩瀚書海中取出一本，翻到那頁給你看，大概就是這個道理。

　　至於要如何訓練創意？答案很明確，就是一直想、用力想、拚命想，不斷嘗試任何可能的聯想，直到變成最強的創意為止。

05 不要放下，要放入自我

eBay《蟠龍花瓶篇》的唐先生原來是澳洲人，奧美當年的 ECD Mark Birman 父母的故事，竟被我們變成台灣最火的廣告，實在太神奇了。所以我有樣學樣，開始把自己身上的東西，放進客戶的作品裡。

多喝水《曖昧篇》是國中時期跟暗戀對象的第一次約會，Waterman 圓了我當超人和做音樂兩個白日夢，全聯《找不到篇》就在我家附近經常路過都沒發現的那間店，省還要更省的福利卡《蛋捲篇》來自預官新訓鄰兵教的天才吃法，媚登峰母親節《戒指篇》要感謝媽媽在客廳向全家展示那些戴不下的戒指（為了讓我爸送她新的），伏冒鼻炎錠《塞車篇》是去衝浪的北二高上看起來像極了鼻孔的隧道口，五月天〈第二人生〉MV 裡有我的中年危機和狂想，還有，全體幾十位演員都是我朋友⋯⋯

這些作品從銷售數字、觀眾迴響、網路聲量、媒體評價到得獎成績都十分亮眼，也讓我食髓知味，一而再、再而三地變本加厲，甚至想創意時乾脆先想「我想做什麼？」同時我也不斷思考，為什麼這樣做會有用？

我得到的答案是，每個人擁有不同的經歷、見識、記憶、情感、想像甚至慾望，那些都是上帝放在我們身上的獨特禮物，

只要能透過連結、轉換的技術，準確且「負責任地」找到它們跟BRIEF 的關聯性，就能創造出既深刻又與眾不同而且能幫助客戶（一定要）的好作品。這個世界很大，但別小看自己。

　　用廣告創意說自己的故事，真的好嗎？真的很好，不要客氣。

06 | 還有時間，就有更好的可能

　　創意人和作業員最大的差別在於，你是把事情做完就好，還是不停嘗試做得更好。

　　只要還有時間，作品就永遠不算完成，你必須一直試、反覆改，尋找更好的可能性。在討論前修改想法，在提案前修改稿子，在執行前修改腳本，一邊拍攝一邊修改情節，在剪接時修改結構，在上片前修改標語，在專案結束後還繼續修改作品集……其實你不用「必須」，真正的創意人，尤其是那些優秀的，天生就會這樣，甚至像強迫症一樣無法控制自己。

　　我的第一任 partner 黃維俊阿俊師經常凌晨三四點還沒回家，在暗摸摸的創意部盯著發光的螢幕「凸」稿子，為了義氣我會等他，但大部分的時間都在睡覺。他跟我說過，他進奧美工作的第一天遇上大名鼎鼎的創意總監「董哥」董家慶要他排版遠傳 IF 卡的 layout，排好之後他請董哥過來看一下，然後董哥就坐在他後面「大一點」、「小一點」、「高一點」、「低一點」、「左邊一點」、「靠右一點」、「黃多一點」、「再綠一點」……從中午十二點一路調到晚上十點，只為了讓那張小卡片更好看一點，十點的時候董哥看了看錶跟他說：「我再看一下你原來的版本」，皺緊眉頭思考許久後終於有了結論——「還是你原本做的最好」。

阿俊沒有生氣，反而佩服董哥，除了追求更好的執著，還有能放下面子坦承還是原本最好的氣度。

　　你適合做創意嗎？你是好創意嗎？這是最簡單的基本測驗。

入門

有了好的（也可能是不好的）開始，然後呢？

07 ｜ 讓我成為廣告人的那份病歷

　　我曾經看過湘雲房間地上堆了一疊差不多到大腿高度的履歷，心想那些被埋沒其中成為之一的人好可憐，大概是得不到面試機會了。一份與眾不同的獨特履歷能幫助你拿到入行的門票，最起碼你要證明自己適合做廣告，而履歷不就是你為自己做的廣告嗎？

　　我從空軍退伍之後怕沒經驗找不到創意的工作，一開始想先應徵 AE，我在 104 下載了一份制式的履歷表花了老半天填寫完成，默默關心的老爸偷看之後卻跟我說：「你的履歷有點無聊，要不要考慮重寫一份？」於是我踩煞車沒寄出，決定等去美國玩一個月回來再說。在紐約時我踏上麥迪遜大道朝聖，燃起了既然想做創意就直球對決從創意找起的膽識，返台後我動手製作「創意的」履歷。

　　那是一份病歷，精神病院的病歷，一位多重人格分裂患者病情獲得控制後出院想找廣告文案的工作，病歷表就是履歷表，上頭有兩個已知存在的身分，左邊是理智、邏輯、冷靜、內斂的龔大中，右側是感性、跳躍、熱情、外放的龔三四，一千五百字的病史等於自傳，還有院長龔紅中以專業立場背書這類型病友非常適合做創意的推薦信，院名「技安」是我的英文名 Giant，整個

格式、字型、編排、牛皮信封通通考究醫院的文件做得跟真的一樣。我親自將病歷送去十間廣告公司，結果竟然得到了五個面試機會，麥肯的人事主管打給我的時候支支吾吾地請問我到底是不是神經病，ㄈ合的大前輩范可欽和張偉能打賭我是真的還是裝的有病，最後我被奧美錄取成為文案。據說那份病歷後來還被當年麥肯的 ECD「老甘」甘哲源拿去當成「如何準備一份好履歷」演講時的最佳範例。

我還有一個 idea 沒用到，就是寄十三張麻將到廣告公司：一萬、九萬、一條、九條、一筒、九筒、東風、南風、西風、北風、發財和兩張白皮，告訴他們正聽著十三么的大牌，想胡就缺我這張大「中」。可惜一旦成功入行之後就不需要再做履歷了，你的作品就是最好的履歷。

08 | 問題不是你適不適合，
　　　而是你有多想

　　因為教書的關係，我常常聽到很多年輕人對做廣告創意這件事情舉棋難定、猶豫不決，最大的問題就是「我不知道自己到底適不適合做創意」，接著他們會問我最難的一題：「大中你覺得我適合做創意嗎？」或者「什麼樣的人適合做創意？」你問我我問誰？難道要我擲筊嗎？

　　我入行的第一年，媽媽被朋友帶去關西見某位摸骨神算，自己的未來沒多問，倒是問了她最心疼的寶貝兒子到底適不適合做廣告，神算的回答是：「請你兒子三思，他走這途，一事無成。」為了表現自信還全程錄音為證，媽媽回來憂心忡忡地放給我聽，我把它當放屁，原因是我爸跟我說，他當上校的時候也被帶去關西見某位摸骨神算，得到他不會升將軍，就算升將軍也註定意外死亡的鐵口直斷，他當場用浙江話問候神算的老母，頭也不回地揚長而去，後來他升了將軍，而且活到快九十歲。

　　抱歉有點離題了，我要說的不是要不要相信算命（特別是關西摸骨神算），而是關於你想前去的方向，從來就沒有適不適合的問題，或者會不會成功的計算，真正的關鍵是，你到底有多想？賈伯斯被蘋果開除的時候，沒有去想自己能不能改變世界；李安賦閒在家等待每個週末老婆帶全家去吃麥當勞的日子，沒有去想

自己適不適合拍電影；貝多芬 39 歲聽力開始衰退之後，沒有去想自己是否還夠資格創作音樂……他們在想的應該都是「我就是他媽的真的好想喔」。

　　所以不要再問這題了，再問，只會讓我覺得你根本沒有那麼想。

09 | 沒有作品，不會自己做喔？

　　學生愛問的另一題是，想當創意但沒作品怎麼應徵工作？或者是剛入行不久的新鮮人也會問，還沒做出什麼好作品要怎麼爭取新工作？

　　我都會很有耐心地回答：「沒有作品沒關係呀，可以試著自己做喔。」（很抱歉，真的沒辦法，也不是故意的，心裡的 OS 其實是：「馬的沒作品，是不會自己做喔？」）這個問題有這麼難嗎？或者這算是一個問題嗎？

　　令人景仰的 David 龔唸完 Art Center 去英國廣告圈找工作，所謂的作品集，就是幾張自己發想的創意草稿，而且為了怕別人發現他很會畫腳本或插畫，還刻意畫得很醜，重點是想法夠好，能傳達清楚就好。而事實上這些作品，還是他畢業後先在美國公司上班那一整年，天天隨機找商品想點子畫稿子，週末有空就跑圖書館看 One Show 作品集和各種廣告書，不斷挑戰創作更多更好的 idea，「自己做」出來的。無獨有偶，我找工作的時候也是，除了幾件學生時期的作業，還有一些我自己畫的草稿（不用刻意就特別醜），而且當年奧美的創意總監李永喆面試我時，聊的都是那幾張醜不拉嘰的東西。

用不著天天，只要週週找一個品牌或商品，幫它想一個你覺得比它原本更好的創意，畫下來或者寫下來，半年之後你會有 26 件作品，一年之後 52 件，從裡面挑出最好的 5 件，你就有作品集了！

IO | 除了創意你還要搞懂的事

　　我唸廣告系的時候，有位舒茲教授在西北大學開了整合行銷傳播的碩士學程，並出了一本以此為名的書，看完之後我明白這將是未來趨勢，也確定這裡頭所有的事我唯一想做的只有創意。

　　於是我在大二升大三的暑假跑去偉達公關實習，隔年夏天又申請了汎太國際的活動行銷部門，不是因為我喜歡，而是知道自己以後一定不會做公關和活動。我大概一直都是用這樣的態度看待創意之外的領域，我很清楚在 IMC 的分工與合作中，除了創意，我還必須搞懂它們。

　　喜歡自創名詞的奧美管整合行銷傳播叫 360，基本上是一樣的東西，當年的 ECD「老杜」杜志成還曾開諧音玩笑說：「三百六十度，林北沒法度。」據說得到女王莊淑芬回應：「三百六十度，不能少你這一杜。」創意人員不能再只懂創意、專注於創意、活在創意的世界，從公關、活動、直效、顧客關係、媒體、數位、社群、KOL、電商到沉浸式體驗，甚至從業務、預算、策略、市調到客戶生意，你也許不用是專家，但懂得越多對你保證越好，因為這些都將成為你上戰場時可以運用的招式、兵器和心法。

II | 一時爛，不代表永遠爛

　　真的很不好意思這樣說自己……有些媒體、報導形容我是創意天才、鬼才甚至奇才……但我要說的是，我真的不是，甚至一開始真的跟泥一樣爛。

　　記得大二升大三的時候想參加時報金犢獎，把做好的平面稿拿去給自稱「老狼」的林榮觀老師簽名卻慘遭拒絕，他說這種東西拿出去是下夕下井丟他也丟系上的臉，還端出金句叫我去「撿角」，足以證明我原本有多爛。因為這樣的奇恥大辱（當然也可能是林老師用心良苦的激將法），隔年大三升大四我們卯足全力，目標不是得獎，而是一定要讓老師覺得有面子，心甘情願幫我們簽名，結果不只如此，多喝水的《領藥篇》拿到影片類的金犢獎，這個勵志故事證明了不管原本多爛，只要認真肯拚，都可能變不爛。

　　創意是可以進步的，我很幸運，在大學時期就確定了這件事。而入行之後，更是親眼目睹周遭許多創意地才麻雀變鳳凰的勵志故事（當然也不乏鳳凰變麻雀的負面教材），我自己也經歷過從連時報、4A 都無法入圍到拿下 One Show 金鉛筆的奇幻旅程。

　　沒有人天生會做創意，所有的厲害作品、廣告獎項都不是理所當然，你必須懂得面對那個很爛的自己，相信只要用功、學習、嘗試，明天起床你就會脫胎換骨變成創意高手，而且不用擔心，

你會一直有機會（這是這行最辛苦也最美好的地方）。

　　我在紐約拿到 One Show 金鉛筆之後帶著它去了華爾街，像十多年前那樣買了街邊餐車的牛肉三明治，坐在聯邦國家紀念堂的階梯上望著紐約證交所發呆，當年那個連學生競賽都被老師拒絕簽名，很想做創意卻不確定有沒有廣告公司願意用我的菜鳥新鮮人，現在是口袋裡有熱騰騰金鉛筆的奧美執行創意總監。一時爛，不代表永遠爛，我想起已故的恩師林榮觀，謝謝他叫我去撿角。

12 整理作品集，就要斷捨離

　　有些人以為作品集就是把做過的東西通通放進去，忠實呈現創作生涯的完整歷程，或者想要強調全面性，深怕別人不知道自己做過這個、做過那個，事實上，許多東西沒被看見反而比較好。

　　我退伍後找工作時，第一個面試機會是去汎太國際，面試官是 art base 的資深創意總監陳啟陽前輩，我的大學同學蔡明丁和我一前一後進入他的辦公室接受震撼教育般砲火四射的無情洗禮。我給啟陽看的第一個作品是得金犢獎的多喝水《領藥篇》影片，第二個作品是我自己畫的防曬油吸血鬼系列平面 sketch，之後就是我大學時期幾乎所有能看的創意作業和參賽作品加起來總共十件，開頭還有微笑的他越看越氣，一路罵到都不知道要罵什麼了，一陣沉默後他告訴我看完前兩件作品本來打算要錄用我的，但從第三件作品開始，每一件都在幫我扣分，扣到他想叫我滾出他房間，「其實你的作品集只要放那兩件就好了」這是他最後的結論和忠告。後來我去奧美面試時，就把作品精簡到五件，不確定是不是因為這個關係，我和丁丁都順利得到 offer。

　　長得很像 Ben Stiller 而且一樣深具喜感的澳洲人 ECD Mark Birman 離開台灣前為大家做的最後一件事就是「整理作品集」，每個創意輪流帶著作品集跟他進行一小時一對一的討論，他的方

法是，只留下五件最好的作品，然後交代我們每一年重新檢視，有沒有新的作品夠格放進去，但要記得每加入一件新的就必須移出一件舊的，只許心狠不准手軟，讓作品集裡永遠保持最好的五件。感謝 Mark，雖然跟他已經失去聯絡，但他的方法卻一直跟著我，受用無窮。

觀
點

對太陽下的每件事都要有看法，更何況是自己在做的事。

13 | 幽默感很重要。為什麼？

　　每次看泰國廣告都好佩服，為什麼泰國的創意那麼好笑？泰國人真的比較幽默嗎？我還曾經大量吃泰國菜，想說會不會變得比較幽默一點。除了民族的樂天本性，後來聽泰國的創意朋友說才知道，整個泰國的廣告圈都在追求好笑，連客戶都會給壓力「絕對不能比競爭對手不好笑」，這樣的行業風氣也很重要。

　　為什麼很多經典的廣告都是幽默的、讓人會心一笑的？第一個，是創意必須要能「動人」，那麼想想廣告影片的秒數限制，如果你只有 30 秒，甚至 15 秒，讓一個人哭還是笑比較簡單？答案應該很清楚（不過現在由於網路媒體的秒數規格，賺人熱淚的長片興起，就另當別論了）。第二個，是品牌必須給人好感，那麼再去想想一個讓你哭的還是笑的推銷員會比較受歡迎？答案應該也很清楚（當然，利用人們的側隱之心、憐憫之情有時也十分奏效）。女孩子不是也都比較喜歡跟幽默的、會讓她笑的人在一起嗎？

　　不過，不管是黑貓還是白貓，能抓到老鼠的就是好貓。不管讓人哭或讓人笑，能感動人的就是好廣告。

I4 | 反映潮流，還是創造潮流？

雖然這跟雞生蛋，蛋生雞的道理差不多難解，但真要比起來，我還是希望自己能做到後者。

這個世界永遠不缺跟風者，去做起風那一個，甚至逆風都好。當人們用力划水逐潮，你要站在浪頭上，仔細觀察、預判下一波；大家都在解決相同問題的時候，你可以發明一個新問題，而且最好只有你能搞定它。

這大概就是為什麼多喝水在對 Y 世代不滿足於做自己的洞察下，不去重現角色扮演的網路現象，卻更進一步創造「角色交流協會」的真實體驗。全聯福利中心明明知道年輕人覺得節儉美德很八股，偏偏還是要用時尚感、文青風把它包裝成「經濟美學」，讓省錢重新變潮。中元節的習俗源自台灣社會對鬼的敬畏甚至害怕，我們做的不是像以前那樣有拜有保佑求心安，而是顛覆傳統告訴大家不要怕鬼要愛鬼，歡迎祂們、款待祂們還要跟祂們交朋友，擁抱普渡的美意……

某次採訪時與 500 輯的總編輯錢欽青聊到藤原浩和方序中，她說他們都是時代的「弄潮人」，實在很喜歡也好羨慕這樣的形容詞喔！

15 │ 人要有理想，品牌要有大理想

　　大衛奧格威曾說「除非你的廣告源自『大創意』，否則它就像黑夜中駛過汪洋的船隻，無人知曉。」Big Idea 大創意一直都是奧美的一塊神主牌。

　　若干年後有人在後面加上一個 L 變成 Big IdeaL，我們稱之為品牌大理想。它賦予品牌價值、態度、精神甚至靈魂，讓品牌不只被喜歡、認同，更進一步被人們尊敬。前奧美集團董事長白崇亮白博士這樣描述品牌大理想：「是一種以品牌的理性利益點為基礎，但卻超越單純理性訴求的價值觀系統，驅動品牌的所作所為，並吸引更廣大的支持者。」首席策略顧問葉明桂阿桂（後來晉升「桂爺」）更是大理想的信徒和專家，他主導過無數場工作坊，協助客戶透過「文化張力」和「品牌真我」兩大構面，發掘品牌與社會文化連結的最佳特質，為品牌結晶出那句專屬的大理想：

「＿＿＿＿＿品牌相信，如果＿＿＿＿＿＿，世界會變得更美好。」

簡單說就是依據類別、屬性，找到品牌存在於這世上，能夠對人類、社會有所幫助的遠大目標，擁抱它、相信它，然後用盡全力宣揚它、實踐它。多芬從銷售更多肥皂轉向為女性提供更多意義，

最後業績五年內成長 *100%*。福特的股東控告亨利福特未將股東利益放在首位，他一心一意致力於汽車大眾化的更高使命，最後卻為公司創造了更多財富。默克藥廠始終銘記「醫藥是為了造福人群」，輝瑞的目標則是「竭盡所能追求獲利、成長」，最後默克的市占率卻是輝瑞的兩倍，業績更高出十倍以上。品牌大理想看似無關獲利，但在利人的同時，往往能達到利己的效果，奧美Global 要我們這樣苦勸客戶：「這件事聽來弔詭，但卻是千真萬確，你越不想要從中獲取利潤，最後越能夠賺大錢。」

我喜歡 Big IdeaL 勝過 Big Idea，它讓資本主義下的商業客戶可以像電影《無間道》裡陳永仁高喊著「我想做好人」一樣做個好品牌，可以名正言順、正大光明地做好事，最後還可以帶來好生意。

可口可樂相信，如果每個人都能分享快樂和愛，世界會變得更美好。

多芬相信，如果每個女人都能喜歡自己天生的樣子，世界會變得更美好。

全聯相信，如果每個人都能用合理價格買到好東西，世界會變得更美好。

多喝水相信，如果每個年輕人都能沒事多喝水多做好事，世界會變得更美好。

…………

想像一下，如果每個品牌都能擁有大理想，世界會變得多美好？

16 | 別說微電影，那叫巨廣告

　　2001—2002 年 BMW 的《The Hire》系列，八支大約 *6* 到 *10* 分鐘的短片，由 Clive Owen 飾演靈魂要角 Driver，找來李安、王家衛、Tony Scott、Guy Ritchie 等大導演執導，把媒體預算通通挪來拍片，製作超高規格又極具娛樂性的網路影片吸引消費者主動觀看，獲得空前成功。

　　後來大家有樣學樣，其中不乏畫虎不成的例子，長秒網路影片漸成市場顯學，因為有足夠時間醞釀情感，常被拿來說感動人心的故事，許多人稱它「微電影」。

　　某位藥商客戶也跟我說：「大中我們來搞個微電影好嗎？」「你知道什麼是微電影嗎？」我很嚴肅地回答，並解釋定義：「微電影是一種微型的電影形式，以電影製作的規格，在相對短小的篇幅、有限的成本和精簡的配置下，去完成部分或接近完整的情節故事，通常是導演或片商為長片試拍或募資時的創作。」（我有先查過資料）

　　沒多久廣告公會又邀我在廣告年鑑撰寫關於台灣廣告微電影風潮的文章，我不認同卻無法婉拒，最後寫了一篇〈微電影 vs 巨廣告〉。大概在說微電影終究是電影，電影有電影的高度、目的和文化與藝術價值；而廣告就是廣告，有商業企圖、品牌訴求，

當然也具備時代或社會意義。我無法將兩者混為一談。

　　跟「廣告不是文學」的意思差不多，如果你想拍電影，那就去拍電影，既然要做廣告，就好好做廣告，不管是 3 分鐘、8 分鐘、16 分鐘或更長，都稱不上微電影，充其量只是一個篇幅比較長的巨廣告，你必須搞清楚自己在幹什麼。

　　《The Hire》那一年在坎城因為沒有相應類別，連參賽都無法，坎城為此增設了 Titanium Lion，來鼓勵在想法、規格、形式上創新突破而無法歸類的作品，後來則演變出品牌娛樂內容的類別，有品牌行銷目的的影音娛樂內容，這樣定義就清楚多了。

17 | 救救那些被科技綁架的創意吧！

　　數位、社群、媒體、行動裝置、大數據、AR/VR/MR、AI、物聯網、區塊鏈、NFT 和元宇宙等日新月異的科技成為趨勢、顯學，綁架了人類的生活和未來，在廣告行銷傳播這個領域，也跟風慢慢出現了「被科技綁架的創意」。

　　許多人把技術、模組或版位當成創意在賣，許多人用科技表現尾巴搖身體去想創意，還有許多人以為創意就是在發明新技術、產品或服務。我參與 D&AD 評審時就曾針對幾個很被大家青睞、但我認為是純科技發明的作品發言挖苦說：「我有點搞不清楚我們是在這裡評 D&AD 還是德國的 iF 設計獎。」

　　當坎城創意節陶醉在 Innovation 的蜜糖並大量設置相關新獎項的時候，我很幸運聽到巴西人 Luiz Sanches 在地下室 Masterclass 遇見大師系列的演講「WHY IDEA IS THE REAL INNOVATION」既是撥亂反正的提醒，也是叛逆反骨的抗議，真正的重點是創意好嗎？

　　奧美成立 CE&C（Customer Engagement & Commerce）數位部門時，說是要以科技為創意賦能，我更認為應該是以創意為科技賦能，最起碼也是雙向對等的相互驅動，我們還為此舉辦了一系列「When Creative Meets CE&C」的工作坊。漢堡王的經典案例《Whopper Detour》被拿出來討論，透過 location-based 的 Beacon 系

統推送促銷訊息的技術很容易被想成「只要經過漢堡王附近就可以接收華堡只要一分錢美金的 e-coupon」，但遇上厲害的創意人卻變成「想得到華堡的優惠可以，你必須跑去競爭對手麥當勞方圓兩百公尺的範圍內」，真的好賤……既存的簡單科技被賦能成為引爆話題、帶動銷售而且獲獎無數的聰明點子。

　　最近看到以創意為科技賦能最棒的例子是印度奧美為 Cadbury 做的 Shah Rukh Khan-My-Ad，透過 AI 人臉辨識和機器學習，大企業無私分享自己的廣告內容，大明星無私分享自己的肖像聲音，供街頭巷尾成千上萬間不可能有資源找代言人拍片的小店家無償使用，幫助他們在後疫情時代提振生意，原本備受造假和欺騙等道德爭議的 Deepfake 深偽技術竟能有如此正向的應用，完美演繹「慷慨大方」的品牌精神，不只三贏，更為印度贏得第一座坎城鈦獅獎。

18 | 不想做廣告？這樣做就對了！

　　羅斯福曾說：「不做總統，就做廣告人。」別懷疑，他的腦袋沒問題。1997 年 Cheers 雜誌調查大學生最想進入的企業，在台積電、宏碁、聯電、台塑、中鋼這五間市值上千億的大公司之後排名第六的就是奧美廣告。在那個年代廣告是能創造文化、引領潮流，令人嚮往的偉大行業。

　　現在呢？如果你想從事創意工作，除了錢少、事多又讓人覺得離家好遠的廣告公司，有更多的選項攤在你的面前；而傳統（或者說老土）的 TVC、PRINT 也早已式微，你有更多的可能性，用不同的方式、媒介讓世界聽見你的聲音……結論就是，嗯，你不想做廣告。

　　但你知道嗎？我也不想。不瞞你說，我們試著不做廣告已經很久了，從 2009 年發行 Waterman 首張個人專輯，2012 年為多喝水 15 歲策劃十五影展，2014 年設計一系列 YAHOO! 好時光行動配件，2015 年和各縣市小學生一起 DIY「# 我的未來我來救」兒童防毒面具，2016 年用塑膠回收垃圾打造成蘭嶼新興景點「咖希部灣」，並以賽道燒胎屑為基底幫 Mercedes-Benz 調出「速度的味道」限定古龍水，2017 年舉辦多喝水 COOLYMPIC 超越無聊極限運動會，2018 年在夜市開設史上第一間 IKEA 百元商店，2020 年邀請台灣

傳統鬼怪和年輕世代展開中元世紀對談，號召網友共創 IKEA 動森線上型錄，還與新銳設計師 ANGUS CHIANG 和 VOGUE 合作發表世上第一套跨越性別的 UNI-FORM 無限制服……你還覺得我們只是在做廣告嗎？我們不想做廣告，至少不想再只做那些人們以為像奧美一樣的廣告公司每天在做的傳統廣告。

我們早已不是廣告公司！我們的生意是創意，我們的工作是創作，我們創造各種與社會對話的可能，去傳遞價值、去解決問題、去影響人心、去改變行為，試著讓世界更美好，就算只是好一點點也很好。我們是大思想家、大藝術家、大娛樂家、大發明家，我們不只是一間新創公司，我們每天都可能創造新的公司。

也許廣告已死，從 2018 年台灣奧美進行 One Ogilvy 的整併以來，甚至連「奧美廣告」這名號都已不復存在。但請相信，它會化身為成千上萬種型態樣貌繼續存在下去，繼續改變社會，繼續創造意義，繼續偉大。

有人說過：「最好的廣告，就是不像廣告的廣告。」不想做廣告？這樣做就對了！

創作

比起創意，我更喜歡這樣形容手上這份工作。

19 | 告訴你一個神祕的地方

我很喜歡去一個「地方」創作，那裡有點難抵達，有時甚至找不到。但只要到了那個地方，源源不絕的創造力就會找到我，帶領我做出一件又一件連自己都驚訝的作品，叫人樂不思蜀、流連忘返。

我記得在那裡，我的思緒澄澈清明，我感到躁動和興奮卻異常冷靜，我是全神貫注的，連時間都忘記了，空氣裡好多靈感漂浮著任我抓取，我在記憶、現實與想像之間自由穿梭，可以寬闊地跳躍聯想，也可以從某個點下潛探究進去……我想那或許就是所謂的化境吧！

所以找點子之前，記得先找到那個地方的入口。就像關於創意的事物總是充滿迷人的神祕感，每個人、每一次進入的路徑和經驗既不盡相同也難以預知，聽音樂、焚香、打坐入定、先慢跑、冰沖咖啡、綠色植物、一盞燈、手帕椅、跟誰一起、陽光射入的角度……都有可能，不一定是某個空間、環境，更多的是某種心情、狀態或氛圍。跟想創意可以訓練一樣（就是一直想一直想），找入口也可以（就是一直找一直找），如果你有意識在做這件事，有天你會拿到一張屬於你的優先通行證，注意喔，只是優先，不保證一定能通行。

我的一號入口是辦公室房間的門關起來，用 PHILCO 真空管收音機改裝成的藍芽音響放 Simone White 或 Scott Matthew。二號入口是威爾貝克狹窄走道盡頭角落的高腳桌椅，點一杯熱卡布冒著煙。2021 年 4 月我跑去恆春紅氣球書屋參與駐春計畫寫《迷物森林》和這本書的起頭，其實也是為了前往那個地方，眾裡尋它幾經周折，總算在老街上「小間珈琲」的木框窗邊，下午陽光斜灑進來的寧靜座位，找到一處安穩又可靠的入口。

20 | 準備好你的專屬儀式

如果你在乎你的工作，視「想創意」為一件神聖的事，那麼就請為進行它的事前或當下，發展出屬於你的某種「儀式」。

就像棒球場上投手登板時絕對不能踩線，或者打者棒子劃三圈再指向天空才準備揮擊。我看過有創意人戴紅色的帽子，有人用特定的一支鋼筆，有人愛吃泰國料理，有人從靜坐冥想開始，有人先沐浴更衣，有人不刮鬍子，有人聽固定的歌曲，有人會面向東方……可能跟時間、位置、行為、習慣或物件有關。

久石讓和村上春樹都喜歡固定在白天尤其是早上創作，海明威總是坐在巴黎日爾曼德佩廣場雙偶咖啡窗邊的位子寫稿，我大學的老師邱順應寫文案時會在桌前放一輛模型消防車隨時準備救援他。我的話，就是要保持桌面淨空，然後把舉目可及的所有東西排列整齊，還有威爾貝克咖啡南京店細長走道盡頭的狹窄高腳桌椅也孕育了我四本書大部分的內容。

別以為這是迷信，儀式的存在其實是創造自信。儀式是怎麼形成的？從各個嘗試或巧合起頭，如果第一次得到好結果，就會有第二次、第三次，如果持續有效，就會慢慢變成固定模式，因為你發現、覺得、知道並且確信，這麼做能「去到那個地方」找出好點子，這根本就是透過科學實驗培養自信的過程。

廣告大師 Jack Foster 說：「常有點子的人，知道點子就在那裡，他們相信找得到它。不常有點子的人不確定點子會在哪裡，他們就不確定能不能找到它。」相信很重要，那讓人覺得安全，充滿能量。所以儀式，的確有其必要。

21 | 人生是一趟找資料的旅程

　　想創意第一件事就是找資料，以前我們喜歡去誠品找，現在年輕人習慣上網路找。

　　我將創意工作的資料二分成特定的跟廣泛的，或者臨時的跟日常的，指的是因客戶或專案而去搜集的相關情報，跟平時就在涉獵、汲取的知識涵養。前者有其必要，後者更是重要，換句話說就是書到用時方恨少的老調，還有勤燒香跟抱佛腳的殘忍對照。

　　因為工作的關係，我成為過空汙專家、3C 達人、汽車權威、美容教主、理財百科、品酒大師……為了想國泰人壽的平面，我們花了一星期的時間，一對一面訪了三十位保險業務員。做Wagamama 泡麵廣告的時候，我看完好幾套日本拉麵漫畫，兩週的午餐晚餐都是跟 partner 去不同的拉麵店吃麵。寫 NIKE《相信王建民》的文案倒是什麼都不用準備，因為擁有棒球魂、身為死忠球迷的我幾乎看過他每一篇報導、每一場比賽、每一顆投球。

　　創造內容之前，必須裝填自身的內容物，而且你永遠不知道哪一天、哪一個看過的東西、會在哪一個案子派上用場。所以講得誇張一點，在你成為創意人的同時，你的人生就註定將在找資料中渡過。好處是，不管讀書、看電影、追劇、聽 Podcast、上

IG、滑臉書、逛街、旅行、跑步甚至談戀愛，都能大搖大擺說「我在找資料」。

　　還有一種分法是二手的跟一手的，指的是別人整理分享的，跟親身經歷體驗的。我個人也是比較推後者，尤其是如果有時間的話，拜託不要再上網找資料了，去現場，你會看見比 8K 更好的畫質，聆聽正港的身歷聲，摸到而不是想像質感，還有聞了真的會流口水的味道。

22 | 基於事實的誇大

電影《大智若魚 Big Fish》最後父親葬禮時原本以為全是他杜撰虛構的故事角色一一現身，那些人物的確存在，不過巨人沒有兩層樓高而是兩百公分，雙生名伶姊妹並非連體而是一般雙胞胎……為了營造戲劇張力和效果，許多事情都被父親添油加醋誇大了，不過一切卻依然植基於事實，這和廣告創意的本質不謀而合。

「廣告都是騙人的。」很不好意思，某種程度上，這應該是大眾普遍的共識。沒有人會相信廣告是真的，所以一旦來到廣告時段，或者置身廣告的版位、環境，消費者自然就會進入一種接下來他看到、聽到的都是「廣告效果」（假的）的預期心態，這一點非常重要，它代表消費者和創意人之間的一種默契，極其微妙，意思是我們被允許用誇張的情節去騙人……啊，不對，是娛樂他們。懂得善用這個不好說的潛規則，就能打開廣告天馬行空充滿想像力的創意空間。但請記得，那必須是「基於事實的誇大」，來自品牌、產品、服務，真實且有所本的利益點或價值、精神、主張，否則就真的變成了「不實廣告」。

題外話，新聞工作則恰恰相反，必須是百分之百的真實，報導者和閱聽人之間存在著不容挑戰的約定，任何的放大、扭曲都

是罪，當然也沒有戲劇、娛樂這回事，話雖如此，現在的新聞卻不知為何往往比廣告還假。

　　言歸正傳，我曾經看過一個美國電視購物節目，主持人把自己黏在攝影棚天花板上介紹、推銷那檔超強快乾膠的功效，我相信沒有觀眾會傻到以為真的能把自己黏上去，但他們會覺得好玩、有趣，然後記住這個什麼膠的應該真的很黏，大概就是這個道理了。

23 | 其實就是換句話説那麼簡單

　　創意是廣告的核心，但說穿了，其實就是將結晶而成的策略訊息，轉換成打動人心的文字、畫面或故事。再簡單一點說，就是換句話說，或者換個方式說。

　　我們做賓士 S-Class 廣告的時候，由於是頂級車款，策略給的交棒點是 Ultimate Car，意即終極之車。創意的轉換是，那有了這台車豈不是就沒有別的想要了？我記得是小薛哥 Rich 的 idea，老闆停好車進辦公室，一群員工替他驚喜慶生要他 make a wish，他一直想到蠟燭都快燒完了還是想不出有任何願望，鏡頭回到他的車，是 S-Class，結語「夫復何求」就是 Ultimate Car 的換句話說。

　　全聯福利中心要推福利卡，千分之三紅利回饋跟其他卡沒啥不同，特別的是，本來就那麼便宜了，還多給你這些好康，「省上加省」是策略落的 what to say。創意的轉換是，已經省到最高點了卻還能往上再省一點！我們的 idea 是《全聯省錢教室》示範各種省錢撇步，當你以為不能再更省的時候，拿出全聯福利卡，刮擠出牙膏裡的最後一點、將桌上的蛋捲碎屑一網打盡或者蓋住洗髮精瓶口倒過來靜置一小時……結語「省還要更省，請用全聯福利卡」就是省上加省的換句話說。.

我們平常不是就常常在「換句話說……」嗎？這樣說起來，其實一點也不簡單的創意，是不是就變得其實也還蠻簡單的？

24 │ 理性與感性

　　創作易利信一系列金城武代言經典影片的 Canon 吳佳蓉算是我的第一個老闆，雖然只有大概短短十天左右她就被調去運籌（今天的「我是大衛」）了。在歡迎我的午餐談話時她說我面試表現很好（我記得不就是輕鬆地聊天打屁嗎？），她和老杜、永喆都認為我是一個非常理性的人……聽到這邊，原本快飄起來的我瞬間被打落谷底，難過到飯都快吃不下了，「不是都說創意就是要感性、浪漫、天馬行空、水平跳躍思考嗎？」我心想完了，她的意思會不會是我不適合做創意轉去當 AE 比較好？大概是看出我臉上的表情大變（應該也可以說表情很大便），她急忙解釋：「你不要以為理性不好喔！做創意，理性也是非常重要的。」沒用了，當時的我只覺得她在安慰我而已。

　　不過，從那天開始到現在做廣告創意二十多年中的每一天，我都在體會並驗證這句話「做創意，理性也是非常重要的。」創意是尋找關聯性，在舊元素新組合之間搭橋，讓原本不相干的事物緊密連結，產生新的意念，靠的正是邏輯。從問題到解答，從策略到創意，從點子到素材，從商業到藝術，從靈感乍現到論述表達，從客戶的品牌到你身上的能量、內容……所有的感性、浪漫、天馬行空、水平跳躍思考，都必須植基在紮實牢固的理性、

邏輯、周延縝密、垂直深度思考才有意義。

　　話雖如此，星座命盤、生命靈數和脈輪倒是都異口同聲說我是一個完全用感性在做決定的人。哈，無論如何，我想創意的理性與感性，缺哪一塊都不行。

25 | 對不起，我們不是搞笑創意人

「全聯中元節廣告超搞笑，請問無厘頭的『鬼點子』怎麼來的？」記者問。

我答：「為了讓中元廣告與眾不同，我們在避談鬼神的鬼月反其道回歸普渡真義『用善意款待無主的孤魂野鬼』，像在做公益，但對象是好兄弟，提升 SP 的品牌高度。Idea 是『原本可怕的鬼卻被大家熱情招呼』，挑『貞子』和『傑森』是因為祂們屬於電影流行文化符號，可以淡化人們的恐懼和忌諱。導演羅景壬嚴謹拿捏恐怖與感動、好笑跟溫暖間的分寸，並在細節處為片子加分……」

「喔～原來如此。」他原本興奮的表情平靜下來，看得出有點失望，我說：「這樣講起來蠻無聊的對不對？」他不好意思說：「嘿嘿，有一點。」沒辦法，事實就是如此呀。

「全聯的廣告很 kuso、無厘頭」、「這些創意人好會搞笑喔」……坦白說我一直對這類關於全聯福利中心廣告的評論很感冒。對我來說，所謂 kuso 和無厘頭是指沒來由地胡亂出招，而搞笑則是裝瘋扮醜引人發噱，這樣看全聯廣告不只有失公平，根本大錯特錯。打從一開始，全聯所有的廣告都是由客戶、業務、策略、創意和導演，針對品牌定位、市場狀況、消費者洞察和社會

氛圍，擬定準確的傳播信息，透過巧妙的創意轉換並掌控調性，在審慎思考後才出手，每一招都其來有自，每一拳都命中要害。

2006 年的《找不到》來自調研中發現消費者對全聯的購物環境普遍感到不便，甚至有諸多詬病，在奧美和全聯經營團隊深入對話之後，才知道原來背後有著不得不的可愛原因，他們窮盡可能節省各種成本去壓低售價，好讓消費者得到真正實質的好處——買到便宜的東西。大家好像都誤會全聯了，那就用廣告來告訴人們全聯最實在經營理念：「沒有ＸＸ，我們省下錢，給你更便宜的價格」，而第一個ＸＸ挑了「醒目的招牌」。

然後我們想到，通路賣場不是都愛開旗艦店嗎？如果用全聯式的經營理念去開會長成什麼樣子？於是有了同年的第二支廣告片，一間什麼都沒有的《豪華旗艦店》，類型化的店面簡介腳本需要一個主持人，全聯先生也從此誕生。

頭兩支廣告空前成功，但銷售成長到一定程度後就遇到瓶頸停滯了。奧美和客戶一同透過訪查找出問題癥結：太便宜的價格讓人懷疑品質，加上前身是軍公教福利中心的歷史包袱，坊間竟流傳各式各樣全聯販賣偷工減料、質量不佳次貨的不實謠言。那年的廣告有了清楚的目的和命題，要撥亂反正，向全世界澄清全

聯賣的東西與別人質量相當。我們運用眼見為憑的實證手法，針對米果、洗髮精和面紙進行煞有其事的比較實驗，明明是一模一樣的東西，結果當然是「實驗證明，便宜一樣有好貨」。這一年的突圍，讓客戶對奧美和創意的價值更加信賴。

第三年傳播主軸又回到賣場便宜省錢的本質，鼓勵消費者要愛護新台幣一千元裡的小朋友和珍惜五百元鈔票上的梅花鹿，來全聯福利中心購物就是實踐「愛惜金錢」的美德。隔年金融風暴來襲，我們卻在苦日子裡看到機會提倡「國民省錢運動」，用有趣的體操教學強調在全聯採買的每一個動作都是省錢的運動，結果全聯的生意和規模都在不景氣中逆勢成長。

2010 年客戶給的任務是衝刺全聯福利卡的發卡量。雖然回饋的比率和一般賣場的千分之三大同小異，但全聯的價格本來就比別人便宜，是這麼便宜還能再省千分之三，於是策略找到「省上加省」的 USP。我們推出「全聯省錢教室」，示範各種省錢妙招，擠牙膏、吃蛋卷還有挖洗髮精，在以為已經省到不能再省的時刻，福利卡會適時出現扮演神奇的關鍵角色，把省錢推到最高點，結語是：「省還要更省，請用全聯福利卡」。

這些「因為所以」裡頭，天馬行空當然有，但更多的是紀律。每次都有清楚命題，創意人員必須遵守規則，想出獨特的點子準確回答，並且嚴格控管用幽默、有趣而可靠的調子呈現。最後，觀眾們就在哈哈大笑中，深刻接收到我們想說的，並轉換成我們期待的行為。這也是為什麼我們幾乎每次都能在業績上達成、甚

至超越預期目標，全聯的廣告總是不只有趣，還非常有效。

　　做創意，邏輯思考很重要。我們是一支紀律的部隊，我們針對客戶需求推演有效策略，我們重視 brief，我們嚴格檢視創意產出是不是 on brief，但我們也要求自己做出創新、感動人心又具有影響力的好廣告。

　　創意就是在策略訊息和看似不相干的表現內容（也許是一句話、一幅畫面或一個故事）間尋找關聯性，搭一座橋，邏輯思考才是真正的關鍵。而創意人員唯有先做到這件事，才可能把手上的題目和自己身上的創作能量連結，先把事情做對，橋搭得越牢，點子就可以跳得越遠，然後才進入個人「才情」的比拼，看誰可以把事情做得更好。

　　嚴謹、規則和紀律，這些和創意很不搭調的字眼不斷出現，因為精準而縝密的邏輯思考（講第三次了）正是廣告創意工作的本質，也是它和其他創作領域最大的不同。這樣的不同，讓廣告創意比創意簡單，因為我們有明確方向得以依循，不必航行在幽暗的茫茫大海；但同時也讓廣告創意比創意困難，因為一切充滿限制，我們得在夾縫中艱苦尋求揮灑空間。

　　雖然講起來有些嚴肅，但身為一個廣告創意人，我不得不說，基本上，這還是一份好玩的工作啦。

　　（本文是偷懶抄錄我第二本書《當創意遇見創意》的部分內容，有興趣的人歡迎去找來看完整版）

26 | 讓「頓悟」更容易發生

詹姆士・韋伯・揚在《創意妙招》中有教，idea 想到一個程度後，或者腦袋差不多打結了，就去放空，看電影、泡溫泉、打籃球，做愛做的事都行，然後就會頓悟，想到好點子。我的經驗好像也是這樣，大部分的好創意，都是在我沒在想創意的時候，「啊～」想到的，最常發生在跑步中。

所以乾脆我們就放空好了，什麼都不要做，等待頓悟……當然不是！也是來自「有錢人的大腦祕密」報導裡的證據，西北大學的科學家利用大腦照影科技進行腦電波監測，發現受測者在苦思時顳葉的「前上顳回區域」活動明顯增強，一直到某個時間點突然產出超高頻腦電波，〇・三秒後「頓悟」發生了。他們推測，整個過程就是促使大腦將看似不相干的資訊集結，在其中找到先前沒發現的聯繫，最後頓悟出答案。

也像是台積電創辦人張忠謀先生在一次專訪提到：「半導體是很大的產業，受世界財經變化影響，一個知識系統是一個金字塔，我需要好幾個金字塔，持續苦思，突然像靈光一閃，或靈機一現，產生洞察，然後就有創新、發明。」

所謂的放空，等待頓悟，其實是把所有該要輸入的資訊都上傳完，所有可能連結的路徑都嘗試過，然後暫停下來，把工作交

給大腦的潛意識，潛意識是會繼續思考的，它會在某個時間點，給之前夠努力的你答案。

　　頓悟，來自不停的思考。祝福你，也祝福我自己，希望它能在還來得及的時候找上我們。

27 天馬行空沒什麼，擁抱限制才厲害

　　eBay 來台灣第一年拍了唐先生《蟠龍花瓶篇》在內一共三支 TVC，製作費每支大概都是當年正常影片水平的三百多萬台幣。第二年客戶要做購物安全保障，只需兩支片，但預算加起來卻大幅縮水到僅剩一百萬，我的好友時任業務經理的林宗緯說客戶之前待我們不薄，現在他們家道中落，我們沒出手相助就是忘恩負義，埋怨也沒用，創意團隊決定埋頭用力想，在這樣的條件下，想到用拍賣網站相關的手指、木槌、紙箱等 icon 製作便宜的 Flash 動畫再轉成影片格式，最後我們要五毛給一塊加碼完成了四支。

　　我拿到生涯第一座 4A 創意獎金獎，類別是「最佳低成本廣告獎」（由於後來比最低還有更低的行業困境，此獎項已取消），上台領獎時我說：「感謝客戶 eBay 給我們這麼少的錢，讓我們可以做出這系列廣告……」

　　大部分的人以為創意就是要天馬行空，只有少數人知道擁抱限制其實更重要。創意的本質是解決問題，也可以說是要找一個答案，面對相同的問題，尋找出眾的答案，固然是一條路徑，但如果是不同的問題呢？你的答案肯定會很不一樣。限制，就是那個能讓問題不同的好東西，如果你發自內心擁抱它，就有機會產出獨一無二的好創意。

以 eBay 為例，如果客戶給我們比照前一年的預算，我們絕對想不出那個金獎 idea。而且在限制之下出手，不是更有挑戰性和成就感？真正的武林高手，要嘛單手、要嘛原地、要嘛矇眼、要嘛只准用你的招式，照樣能把你打得落花流水。

　　還記得以前只要遇到限制重重超難想的 brief 在那邊抱怨，當時的老闆 Murphy 周俊仲就會說：「恭喜你，那表示如果你想到，應該就會拿坎城了。」

28 | 創作，就是不只創，還要做

比起「創意」，我覺得「創作」這個詞更能貼切代表我們在做的事情。

創作是由創和作組成，包含了發想和執行，不是只有想出來，還要把它做出來。我猜許多人都有相同經驗，想到好點子的瞬間，你會握拳振臂、叫出來甚至跳起來，那應該是創作過程中最快樂的高潮點，但是親手把腦袋裡的想法一磚一瓦、一針一線從無到有地實現成真，體會難以言喻的成就和滿足，創作的快樂才得以完整。

多喝水 Waterman 的案子執行時，從超人裝的設計製作、跟著他一天一行動完成十五件好事，隔年專輯發行時的詞曲創作、CD 與海報設計、錄音後製、跑宣傳、上歌唱選秀節目 PK，到簽唱會、演唱會，七百多個日子裡的點點滴滴我都親身參與。咖希部灣 Kasiboan 的計畫，我們飛到蘭嶼，花了一週的時間，在大太陽底下揮汗打造景點、撿拾岩塊繪製路標、到處發放傳單和地圖、拍攝紀錄整個過程和遊客的震撼反應，很累、很操但卻過癮極了。

這樣的快樂會滲進你的骨血，刻劃成無法抹滅的甜美記憶。我喜歡創，更喜歡做，我一直想開設一間屬於自己的公司或工作室，原本我想取名為「創意龔坊」，後來因為這個理由被我改成「創作龔坊」。

29 | 遇見100％的女孩

　　我是個創意人，最主要的工作就是想 idea，這件事很有趣，與其說是想，倒不如說是在茫茫腦海中帶有某種機緣和運氣成分，未知而不可測，甚至無從解釋地尋找和遇見某個點子；那其實也很像在茫茫人海中帶有某種機緣和運氣成分，未知而不可測，甚至無從解釋地尋找和遇見……某個女孩。尤其是「啊～就是她了！」那個最棒的點子，更好比在幾十億分之一的緣分裡，找到那個命中注定的女孩，這樣說起來我的工作就變成一件非常浪漫的事。所以我很喜歡把在腦海裡出現某個好點子，形容成「遇見好女孩」，而那個最棒的點子、最完美的初象，就是「遇見100％的女孩」（如果你是女孩，也可以把它當成「遇見 100% 的男孩」）。

　　不知道你有沒有類似的經驗？想到的跟最後做出來的之間有落差。一個獨到的觀點最後變成一句平庸的文案，一幅唯美的畫面最後變成一張還好的平面，一個絕妙的腳本最後變成一支普通的片子，一段動人的旋律最後變成一首無聊的歌曲……這是我自己經常甚至總是遇到的事，其中最大的問題就是執行，創作者的工作包含創與作，不只要會想，更要有能力把它做出來。

一個創作者想到 idea……不對，應該說在腦海中遇見 100% 的女孩時，會先盡可能鉅細靡遺地把她的美麗記下來，然後再設法忠實傳神地訴說給別人聽，過程中我們運用自己擅長的方式或工具去表現她，也許是文字、口語、圖畫、音樂、舞蹈、影片、雕塑等等。可惜的是，打從遇見她的那一刻開始，那個她最完美的、100% 的樣子，就在每一手的轉述和任何企圖對她的描繪中，好像翻譯一樣不得不地遺失遞減，也許最後做出來時，原本 100% 的女孩會變成只剩 65% 的女孩也說不一定。

　　好不容易遇見 100% 的女孩，她最美的樣子竟是最初在你腦海浮現的文句、畫面、故事或旋律，所謂靈感的初象，再也無法超越，然後你得眼睜睜看著她一點一滴消失，慢慢離你而去，是不是既哀傷又淒美呢？但事實就是如此，坦白說在我有限的廣告創作經驗中，幾乎沒有一次導演拍出來的片子能超越我腦中原本的想像，因為我遇見 100% 的女孩之後，可能只記住了 95% 的她，透過我笨拙的描述她只剩 88%，而導演一個不留神只聽進去她的 82%，然後攝影師、剪接師又進來攪和到 78%、72%，最後偉大的客戶再改一下，就成了 65% 的女孩。但我必須強調這樣說並不公平，是不是 100% 只是我自己主觀的印象認知，跟導演拍得好不好可能一點關係都沒有，就連我自己當導演、拍攝自己想的創意，結果往往也是如此。

如果說「發想」是「遇見 100% 的女孩」，那我想「執行」就是你要怎麼「留住 100% 的女孩」。所以創意人的專業訓練，除了思考術，更大的部分在於如何讓最後產出的東西趨近腦海中的原始想像。那裡頭包括技術的精進、方法的嘗試、經驗的累積、對細節的堅持和對信念的不妥協，當然還得靠點好運，而且由於經常得跟一群人共同合作，溝通協調整合的能力也不可或缺，最後就是反省檢討，要回頭去想哪邊做得不錯要保持、什麼做得不好要改進……每次都要比上次更接近一點，將把握度不斷提高，因為上天是如此眷顧你，讓你得以遇見 100% 的女孩，你不該辜負這樣的幸運，最好的回報方式就是用盡所有的努力想辦法把她留下來，不要有遺憾。

我試著偷偷改寫《遇見 100% 的女孩》裡的片段……

在一個四月的下雨夜晚，腸思枯竭的男孩為了喝一杯海明威最愛的 Mojito，而在大安區的一條巷子裡，由東向西走去，兩個人在巷子正中央擦肩而過，那種微弱卻無可取代的創意靈光，瞬間在兩人心中一閃。

她對我來説，正是 100% 的女孩呀！
他對我而言，真是 100% 的男孩呀！

可是他們那創意的靈光實在太微弱了，男孩也還不懂得如何將心中的感覺清澈完整地落實表達出來，兩個人一語不發地擦肩而過，就這樣消失到人群裡去了。

你不覺得很悲哀嗎？

創作者因為技術能力的欠缺、經驗的不足、一時的分心、決策的失誤或是種種主客觀因素的干擾，而沒能留住他心中那個 idea 的完美初象，就這樣讓她從身邊溜走，你不覺得很悲哀嗎？

執行才是重點，浪漫的愛情想有完美的結局，你得抓得住你的 100% 女孩。我一直以來的老闆胡湘雲對「創意是什麼？」曾經有段很精闢的詮釋：「在伸手不見五指的暗處，突見曙光；在幾近窒息而亡的剎那，吸到一口氧氣。那就是，idea 來了。問題是，你得抓得住它。祝好運。」說得真好，問題是，你得抓得住她。

記得第一次讀《遇見 100% 的女孩》時就深深崇拜著村上春樹，能想到這種把妹招數，這傢伙也太有創意了，如果真的付諸執行應該會成功留下她吧。至於這篇〈遇見 100% 的女孩〉，即使我用了好幾個午后時光把自己關在咖啡店角落，搜尋、挖掘在我腦海裡遇見的各種想法和話語，一字一句反覆斟酌，寫了又改、改了又寫，用盡所有努力，最後終究沒能留住那個 100% 的女孩。

（本文是偷懶抄錄我第二本書《當創意遇見創意》的部分內容，有興趣的人歡迎去找來看完整版）

30 | 不要等到你的創意變成別人的得獎作品

　　我在輔大廣告系的廣告創意導論課程備課時問了許多前輩先進什麼是創意，時任奧美創意總監的卓聖能 Door 說：「如果要極嚴格地定義創意，我很悲觀，從歷史的洪流看來，創意就是尚未被發現的剽竊！」台灣、亞太到世界，過去、現在到外來，在每個不同的時空，那麼多的創作者，都可能是我們的競爭對手，比的是誰先想到並且做出來，那個才叫創意，落在後面從第二個開始都算剽竊。

　　Murphy 閱讀大量的廣告年鑑，他也要求我們這樣做，除了學習別人做得有多好，更是要避免去做別人做過的東西，確保讓你高興到跳起來的點子真的不曾存在。這還不夠，最重要的是你必須盡快賣過它，然後像趕著去投胎那樣火速執行，直到 on air 出街為止你才可以喘口氣偷笑好險別人沒有追上來。

　　走在街上、打開電視、收到朋友手機訊息或者坎城成績揭曉時，冷不防看見某個廣告作品，讓我頓足捶胸在心裡發出「靠，居然被他先做出來了」的聲音，大概是身為創意人最痛苦的遭遇之一，更慘的是類似的事件還層出不窮。2016 年小男孩樂團要發行第一張專輯，時任傳立董事總經理的團長 Vince 昌哥程懷昌找我去聽了〈Everything〉這首歌，問我有沒有興趣幫忙拍 MV，優美

而溫暖的詞曲娓娓唱出最深情的告白，讓人好想結婚，我跟他說我們來做一個半紀錄式的快閃拍攝計畫，小男孩樂團驚喜現身各式婚禮，擔任最佳婚禮歌手獻唱〈Everything〉，再將素材整理剪輯成 MV，大家當下都覺得這點子太棒了，不過預算有限加上我當時實在太忙，最後沒有拍成。半年之後 Maroon 5 魔力紅推出單曲〈Sugar〉，轟動社群的 MV 竟是完全一模一樣的想法。2021 年身為聯廣 CEO 的昌哥又傳來正在混音階段的新專輯主打歌〈事過境遷〉，很有感覺的我想了一個關於離婚典禮的腳本，為了不要再讓彼此遺憾，我們排除萬難把它拍了出來。

　　所以一旦想到好的 idea，請一定要好好把握，把握機會，更把握時間。

方法

關於步驟、規則、模式、工具、要訣……原本我以為沒啥路用的東西。

31 | 在創作之前先創作你的創作方法

　　創作的時候，不要這樣就開始創作了，在想創意之前你可以花點時間先想想「這次要怎麼想創意？」

　　許多創意人忘了，產出創意的方法，本身也是創意的一部分。不同的方法會讓結果不同，而創意最重要、最先決的就是與眾不同。然後新的方法會有新的結果，對的方法會有對的結果，好的方法會有好的結果，別小看你的創作方法，它甚至可能是重中之重。

　　團隊裡該有哪些成員？採取什麼模式、程序或路徑？透過田調、訪談、網搜、閱讀還是體驗取得資料？一人獨想、小組討論還是大腦風暴？抓緊時間熱鍋快炒還是放緩腳步細火慢燉？在理性的早晨、舒服的午後還是善感的夜晚進行？去山上、海邊、咖啡店還是回到辦公室？要不要來點輕酒精飲料？應該搭配的音樂風格是……太多太多可以思考安排的可能性，將幫助你創作出更多更多的可能性。

　　台灣高鐵比稿的時候，我和 partner 文勝挑了一個風和日麗的週間下午，買了北高來回的高鐵票，在車廂裡旋轉座椅面對面坐好，先從台北討論到高雄，下車在左營站的星巴克分開找位子獨自發想，再合體從高雄討論回台北，在總共五、六個小時的旅程

中，完成了我們大部分的創意提案內容，最後果然順利贏得比稿。

所謂創作你的創作方法，大概就是像我們這種搞法。

32 | 最大的問題，可能是沒有問題

　　這句標題是阿桂在分享如何撰寫策略報獎內容時說的，被我抄在筆記本上，還打了星星。

　　如果創意是用來解決問題的，那麼答案的對錯、好壞、聰不聰明、出眾與否，除了創意本身，有時候更重要的可能是問題。所以這雖然比較像是策略的工作，創意卻絕不能置身事外。

　　在類似的問題下想破頭要找出不一樣的解方，不見得是最好的辦法，要是反過來先找出一個特殊的題目，答案自然會跟別人很不一樣。許多創意人一開始就進入解題模式想答案，我會建議試試先去想問題（也可以當成是挑戰策略）。「這個 brief 裡頭有問題嗎？」、「真正的問題是什麼？」、「同一題有沒有別的問法？」、「會不會還有更好的問題？」……這些問題可能才是幫你產出好創意的關鍵。

　　好的答案往往來自好的問題，獨到的問題才能造就獨到的答案。 回最源頭，如果沒有解決問題的效用，所謂創意的力量和意義都不成立、都是屁，如果根本連問題都沒有呢？那就是最大的問題了。

33 | 不管步驟有幾個，都請記得加一個

　　廣告大師詹姆士・韋伯・揚的《創意妙招》標榜十五分鐘讓你學會做廣告，薄薄一本，連有閱讀障礙的我都能三十分鐘看完。整本書大概在說產出創意的過程，我把它整理成收集資料、消化思考、放空等待、瞬間頓悟和檢查優化五個步驟，雖然每個創意人有自己的步驟，但我猜不脫這些。

　　大名鼎鼎的 Neil French 離開奧美後，辦了以平面為主的 PRESS 廣告獎，在徵件的宣傳影片中他說明想收到的創意……這是你熬夜加班幾天甚至幾週好不容易終於想出來的稿子（手上拿著一張 sketch），兩天後就要提案，大家都覺得很棒，但還有兩天呀，現在要做什麼？把它揉成一團，丟進垃圾桶（他邊說邊做），然後去想一個比垃圾桶裡那個更好的 idea。

　　就是這個，沒有最好，只有更好。我在輔大課堂做了實驗，建議學生嘗試在創意作業報告前，加上這個步驟，結果贏得金銀銅獎的小組發表得獎感言時，幾乎都提到「還好我們有聽大中的話，把原本要提的丟掉，想了這個新的」，證明十分見效。

　　偉們智威的經營合夥人 Rich 薛瑞昌以前帶我和 Kurt 的時候，我們還試過普拿疼伏冒好不容易終於提過了的案子，隔週客戶以為要聽執行計畫，奧美卻帶來「更好的」新點子要翻案，雖然結

果是「不好意思，我們覺得原來的比較好」，「但真的很謝謝你們為我們想這麼多……」我們贏得客戶的信任和尊敬。

　　如果最後兩天真的沒想到更好的 idea 怎麼辦？ Neil French 走向垃圾桶，撿起那團紙，重新攤開，雖然很皺但他說：「沒關係原本第二好的 idea 還在。」

34 | 是舊元素新組合，更是尋找關聯性

　　創意就是「舊元素的新組合」，許多教創意的書這樣說。我剛入行時看了黃文博和詹宏志老師的書，他們都不約而同地說到這件事。記得有一陣子想 idea 的時候，我會拿著他們各自列出的五六百個包含名詞、動詞、形容詞的詞語，照他們建議的方法，隨便找出兩到三個不相干的詞語放在一起，結果，並沒有像書中說的一樣，想到 idea。

　　問題出在哪裡？舊元素新組合在一起，並不會變成一個點子，你必須找出它們之間的關聯性，A 和 B 的什麼相關，B 跟 A 的哪裡聯結，或者 AB 放在一起之後有何共通邏輯脈絡可以成為我們手上問題的解答。所以尋找關聯性，也經常被我說成是在舊元素新組合之間「搭橋」。

　　我最喜愛的周星馳電影《喜劇之王》，把演員奮鬥史和臥底警匪片兩個完全不相干的舊元素新組合在一起成為絕妙經典，靠的就是表面是場務、真實身分是香港 C.I.B. 刑事情報科警察的吳孟達，在吸收星爺時說的「簡單地說，我是臥底，我比那些所謂演員更加專業、更加高尚、更有技巧，因為我每天的生活就是在演戲，雖然我沒有劇本，但我絕對不會 NG，因為我 NG 可能連命都會沒有，我才是最該贏得奧斯卡最佳男主角獎」這段話。

種族歧視和草本牙膏，健康體操和省錢購物，結婚戒指和瘦身課程，求婚驚喜和氣墊皮鞋，巴黎左岸和咖啡拿鐵，生日許願和頂級座駕，國三隧道和鼻炎良藥……創意的工作就是尋找看似不相干的它們之間的關聯性，把橋搭起來。

35 | Concept Idea Material

Concept Idea Material 可能是創意世界最重要的思考模式。我入行前找工作時麥肯的 ECD 甘哲源要我開始做這個練習，我沒聽話，白白浪費三年。後來有幸遇到 Murphy，我要謝謝他不只教會我們，還逼我們身體力行拿它做創意。

Concept 就是概念，What to say。是廣告要說什麼的一句陳述。Concept 是評估創意和策略是否相關，或是否切題（on brief）的基準點，而且是唯一一點。

Idea 就是點子，How to say。是用來表現、傳達 Concept 的一種方法或說法。Idea 決定了創意的格局。（為區隔 Concept，我會建議用「方法論」的句型來描述 Idea）

Material 就是素材，Say with what。是符合 Concept、Idea 的一件物品、一樣東西、一個故事、一個產品特性、一種象徵、一個說法或一個人……

除了找案例分析練習這套邏輯，還要運用在日常所有案子的創意發想，透過每天的工作，內化成近乎反射的思路。因為它是全球創意的統一法則，因為它是廣告人討論創意的共通語言，因為創意的世界就這麼一個 SOP 而已，因為它會幫你產出好廣告，因為它有助釐清不同層次的許多事情，因為它不只能順想創意、

點子還可以倒推策略、市場，因為……我不知道我幹嘛苦口婆心
跟你說這麼多？

Concept Idea Material 真的很重要。
Concept Idea Material 真的很重要。
Concept Idea Material 真的很重要。

希望你懂為什麼說三次。

36 │ 做好平面廣告的方法叫減法

　　原本我以為好的平面就是吸引目光的視覺加上簡單清楚的意念，後來才知道可以有系統地去拆解、優化它。傳統的平面廣告是由 Visual 畫面、Logo 商標、Catch 標題和 Body Copy 內文等四個元素構成，什麼是好的平面稿？就是這些元素越少越好！

　　如果不用 Body Copy 就能傳遞訊息，三個元素會比四個元素高明些。如果 Catch 拿掉也看得懂，兩個元素會讓你的稿子更加分。如果畫面中已經有品牌的識別可以連 Logo 都免了，只有單一元素就是最頂級的作品。

　　我在泰國亞太廣告節參加過一場平面類評審團主席的點評講座，有套廚房吸油紙巾的平面，乳豬、炸雞和烤鴨像擰毛巾那樣被扭成麻花狀，挺震撼也蠻有意思的畫面卻只獲得三個佳作，原來是因為硬上了一句標題「超級吸油」，評審覺得根本是在侮辱觀者的智商，為了懲罰那個多此一舉的愚蠢文案，決定把三銀改成三佳作。我們幫捷運快遞做的平面稿，錯綜複雜的都市窄巷中，準備攻堅的特勤警隊圍著一位穿著制服的快遞員，他像指揮官一樣用粉筆在地上畫著地圖，Logo 在背上很清楚所以不必放，原本的標題是「瞭若指掌的亞太通」，送件參賽前 Murphy 遮住標題問我「這樣看不看得懂？」我說可以，我們決定拿掉 Catch，結果這

張只有畫面的作品讓我拿到第一隻坎城的獅子。

　　Tide to go 去漬筆的平面，翻玩白領襯衫口袋因鋼筆漏水染出一塊油汙的畫面，改成藍領髒襯衫口袋裡的去漬筆卻造就一塊潔淨，如果把 Tide to go 拉高一些露出 Logo 就是單一元素的稿子了，但那樣做並不符合筆和口袋相對尺寸的真實性，藝術指導沒有勉強而是選擇讓口袋合理地遮住大半部筆身，乖乖地將 Logo 放在左下角的位置，Visual 和 Logo 兩個元素仍然是張很棒的作品。至於那張 FedEx 紙盒中裝著露出三分之一 DHL 字樣的快遞，無需標題也不用 logo，一切盡在不言中，就是單一元素頂級平面經典中的經典了。

37 | 有本事，就正面對決

許多跟我工作的人都知道我討厭諧音，也盡量避免雙關，另外還有一個我沒那麼喜歡的是負切，負面切入，去演出沒有產品或服務會造成什麼後果，也可以倒過來說，就是我比較愛正切。

正面切入，去表現產品、服務的優點或者品牌、主張能帶來的好處，正向的思考還有滿滿的正能量，好像天生就是我的菜。相反的，除了可能得碰觸壞處、缺乏、不順、倒楣、出糗、失敗甚至悲慘等負面感受的素材，負切又稱恐懼訴求或者恐嚇式廣告，消費者又不是嚇大的，應該沒人喜歡被威脅的感覺吧！另一個麻煩是，負切的重點在於「沒有」所導致的問題，觀眾最終還是無法搞懂商品究竟有什麼功用，也不見得能理所當然地腦補廣告中出現的品牌就是解決之道。再者，由於戲劇效果強、故事好推演，許多創意會習慣性挑選容易、簡單的路走，第一時間就往負面切過去，讓自己淪為一大堆負切廣告中的 me too。

攤開我的作品就會發現，我好像特別喜歡從正面來，喜歡有話好好說，喜歡進步、滿足、快樂、成就、安全、健康、溫暖、幸福和夢想這些讓人覺得美好的事物，喜歡挑戰比較少人走的那條路，喜歡越難想的話想出來的東西越厲害，喜歡與眾不同的創意。

38 | 訂做一個你要的 BRIEF

　　BRIEF 是什麼？BRIEF 是業務和策略（或客戶）發工作給創意時進行的簡報，是創意開工的前提，也是創意發想的指南，沒有 BRIEF 就不會有創意，什麼樣的 BRIEF 造就什麼樣的創意，許多時候 BRIEF 比創意還重要，想 BRIEF 甚至應該比想創意更認真（我真的看過不少這樣的策略人員）。

　　換個角度來說，BRIEF 就是創意的機會。有前輩跟我說過，創意人就是把自己準備好，然後等待一個機會。但如果機會沒從 STRATEGIST（我的好夥伴奧美策略長愛咪施淑芳將 PLANNER 正名為這個更高級的字彙）那邊給過來，當然也不可能從天上掉下來，沒有機會，或者沒有好機會，怎麼辦？你就要自立自強，自己創造機會。

　　還沒有好的 BRIEF 嗎？試試看訂做一個你要的 BRIEF。你對資料和洞察中哪部分特別有 fu，你有什麼直覺 god feeling，你感興趣、想嘗試的東西，你的初步構想、甚至是已經想好的 idea，你希望跟誰合作，你會運用的形式、手法，你腦袋裡的畫面、故事，連你的夢都可以……把這些告訴你的策略夥伴，向他們下單、許願，一個為你量身打造的 BRIEF。

　　好的 BRIEF 會帶你上天堂，這把梯子，有時必須 DIY。為了

不讓自己停在原處不動，或者預防一不小心被推下地獄，我經常這樣幹。

39 | just DO it

　　2015 年第一次去坎城時，除了幾場啟發性極高的精彩演講，最震撼我的應該是那些正在潮流、浪頭上爆發，跳脫傳統思維和形式的新型態創意作品。從離開前的失眠夜到返航的長途班機上，我不停思索著來西天取經回去應該跟同事們分享什麼，即始腦海千頭萬緒、內心百感交集，如果只要有一件事情、一個改變會是什麼？怎樣才能做出那樣的創意？最後跳出來的答案就是「DO，做。」

　　不論策略推演的品牌主張、價值、精神到大理想，或者創意邏輯的 Concept（概念）＝ What to Say（說什麼）、Idea（概念）＝ How to Say（怎麼說）、Material（素材）＝ Say with What（用什麼說），傳統廣告創意的思維模式和作業習慣停留在「想」和「說」，而那些嚇到我的、令人羨慕的作品已經前進到「做」了。過往為了傳播 What to Say，我們會思考 How to Say，從今以後請把它改成 What to Do。我還寫了一句簡單的格式「為了＿＿＿＿＿＿（解決某個問題或傳遞什麼主張），○○品牌決定＿＿＿＿＿＿（做一件什麼事）。」這樣照著做，保證一步就能跟上時代。

　　我試著把在坎城看到的案例套用進去……為了讓人們感同身受漸凍症的痛苦並鼓勵捐款，美國漸凍人協會決定在社群平台發

起一傳三選擇體驗冰桶淋身或捐款一百美金的 Ice Bucket Challenge 冰桶挑戰。為了強調保護道路上所有生命安全的使命，VOLVO 汽車決定發明能讓單車和騎士在夜間發光的救命噴霧 Life Paint。為了傳遞 Keep Climbing 不斷向上的品牌精神，達美航空推出開放預約名人鄰座在航程中與他們交流學習的 Innovation Class。為了鼓勵日本年輕上班族不要因為工作而放棄衝浪，QUIKSILVER 決定把衝浪衣 wetsuit 設計成一系列具有防水功能可以直接穿去衝浪的西裝 True Wetsuit。為了跟多年來的忠實鐵粉們說再見，即將停產的 VW Kombi 許下最後心願 Last Wishes，決定送給每位車主一份量身打造的專屬禮物……當代品牌傳播的重點，不再是你相信什麼、主張什麼、說什麼，而是你到底做了什麼。

英文的 Walk the Talk，中文的言行一致、坐而言不如起而行、百說不如一幹，大概都是這個意思。除了說服性，當我們以 What to Do 的角度思考廣告傳播，是不是馬上變得立體、具象、有力量、非傳統、多元、充滿可能性並且有了很 NOW 的感覺？

在那之後我們一件一件做出 YAHOO! 好時光行動配件、「＃我的未來我來救」兒童防毒面具、全聯經濟美學的全系列潮包、用垃圾打造的蘭嶼新景點「咖希部灣」、以賽道燒胎屑調出的賓士

「速度的味道」古龍水、多喝水 COOLYMPIC 超越無聊極限運動會、夜市裡的 IKEA 百元商店、台灣傳統鬼怪和年輕世代的中元世紀對談、由新銳設計師 ANGUS CHIANG 操刀的世上第一套跨越性別無限制服 UNI-FORM、「用被遺忘的衣物，幫助正在遺忘的人」的時尚品牌回回憶……當然，也還會繼續再做下去。

40 | 這個下午我們只做一件事

　　我入行的頭幾年，一套保險平面稿的長文案可以寫一個多月，拉麵廣告腳本一想就是三星期，花兩天半的時間只為了構思一則手機廣播⋯⋯如今回想起來，我們投入每一個客戶或案子的時間、心力，真的只能用奢華來形容。

　　隨著廣告媒體生態、行銷傳播環境的改變，這一切已成追憶，取而代之的是大量、龐雜而碎片化的工作型態，一週完成三個提案，下午要開四場會議，同時經手處理好幾件案子漸漸成為日常⋯⋯但我絕不甘心就這樣習以為常，除了對美好時代的懷念，也是對創作品質的講究和堅持，要說廣告是服務業，那更必須對客戶負責任，如果是你，會希望服務你的人同時服務好幾組客人嗎？所以我開始檢討並對抗「多工趨勢」，試著讓自己和團隊重返「專注模式」，找回所謂的深度工作力。

　　當然，我們沒辦法拒絕或逃避工作，但至少可以調配、計畫工作，把用在每個客戶的時間化零為整，然後盡可能按照排程每天只做一個客戶、只想一個案子，就像我尊敬的那些不軋片的導演和不軋戲的演員一樣有原則。結果是，我們不但做完了量差不多的工作，更創造出質好太多的作品。我甚至因此想來開一間叫做 One Day One Project 的公司，貫徹這樣的創作理念和服務精神，

不只幾位客戶舉手說一定把生意給我，連我師父丸子都迫不及待要來上班，可惜，我又只是說說而已。

李國修老師以自己父親為原型寫的經典舞台劇《京戲啟示錄》裡頭有句話：「人，一輩子只要能做好一件事，就功德圓滿了。」創意人，一整天只做好一件事，不也是剛好而已嗎？

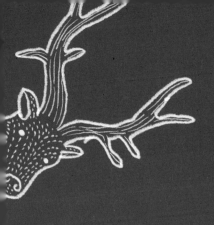

共
想

為了打贏這場非靠團隊不可的仗，我決定先學會與人並肩作戰。

41 | 尊敬業務，追隨策略

在廣告路上，不是只有創意孤軍奮戰，還有幾個非常重要的位置、夥伴。奧美一直強調的三人共政，就是業務、策略和創意的鐵三角，後來還衍生出再加一個客戶的四人共政。

業務是我見過最偉大的生物，因為我覺得自己完全做不到他們做的事情。懂客戶，有生意頭腦，具數字概念，掌控預算進度，穿著正式得體，擅長說話、溝通與談判，尊重、照顧甚至寵愛創意，粗工細活都使命必達，任勞任怨、脾氣好、EQ 高，要走前面帶領團隊，也要跟到底處理善後……好的業務，讓我由衷尊敬。

策略是我很依賴的存在，因為到底我要做什麼、往哪去，都是他們指引的。洞察人性，瞭解社會，看得出問題，找得到痛點，抓得住趨勢，善於邏輯思考，有些竟然還會靈性感應，像智者一樣抽絲剝繭、看透一切，給眾生方向……好的策略，讓我願意追隨。

好的創意呢？要讓人願意相信。

請注意這裡說的是「好的」業務、策略和創意。好比西遊記中唐僧一行四人踏上西天取經之路，策略就是師父說的都是對的唐三藏，業務是勞苦功高的沙悟淨，創意是神通廣大的孫悟空……別誤會，客戶當然不是沒說到的那個，而是路上遇到的至

高無上的如來佛祖、慈悲為懷的觀音大士、主宰天地的玉皇大帝、
雍容大度的王母娘娘，或者不得不說有極少數的時候，是必須收
服的妖魔鬼怪。

42 | 創作一個大平台，
讓所有人進來一起創作

我對大創意的詮釋之一，是創作一個滿滿的大平台，讓人們可以進來跟你一起玩。也許是一個概念、方法、形式或口號都可以，重點是要有包容、延伸、啟發和開展的高度。

所謂的 Series、Campaignable Idea、Integrated Marketing Communication、User Generated Content、Co-Creation，都是這個道理。試想，想出讓這一切發生的那個源頭的點子，是多麼有價值的創造。當然，創造一個理想的創意工作環境，也包含其中。

為台灣拿下第一支 One Show 金鉛筆的遠傳電信《# 我的未來我來救》是很好的例子，一個如唐吉軻德挑戰風車巨人般無用而諷刺的兒童 DIY 防毒面具想法，生長出十所空汙重災區國小的參與，創意、業務、客戶、老師和學生總動員，兩千個充滿想像力的面具，十幾次街頭抗議、一場大遊行和環保高峰會、實體加線上展覽，還有成千上萬的分享、報導與響應，甚至登上紐約時代廣場的新聞看板。一個創意，激發了更多的、無數的創意，最後集結成超級強大的力量。

思考如何創造這樣的平台，不只是創意主管的職責，也是每個創意人都該有的使命。

43 | 只是雇用比你強大的人還不夠

　　奧美全球 CEO Andy Main 2020 上任時擬定了我們邁向下個篇章的成長策略：「Let's be giants.」內容中不斷提到 giant，一時之間讓英文名叫 Giant 的我在奧美台灣、亞太甚至 worldwide 小紅了一下。

　　事實上這個 giant 來自大衛奧格威的語錄，某次董事會議時奧格威在每個董事面前擺了一組俄羅斯娃娃，就是那種以大套小層層包覆的套娃，他解釋其中寓意說："If you always hire people who are smaller than you are, we shall become a company of dwarfs. If, on the other hand, you always hire people who are bigger than you are, we shall become a company of giants."

　　我跟多年前的董事總經理英國佬梅可漢自我介紹時曾經開玩笑說這是我英文名字的由來，但真正的原因，其實是我小時候長得很像小叮噹裡身材高大卻愛欺負弱小的技安 Giant（也就是這代年輕人口中哆啦 A 夢裡的胖虎）。

　　雇用比你強大的人，說得簡單，但在人性上其實並不容易做到。大多數的人不懂、不願或者不敢雇用比自己強大的人，有些人真的用了（也可能是不小心用了），卻反過來害怕會不會被比下去，甚至變向去打壓、箝制對方，我不知道為什麼要這樣找別人也找自己麻煩。真正的重點不是雇用比你強大的人，而是

用了之後還要支持他自由發揮出最大能量，並且虛心地向他學習，這樣才是正港的巨人，你的團隊才會真的變成奧格威口中的 company of giants。

44 | 整個世界都是我的創意部

常有人問：「你們創意部現在有多少人？」我是創意長沒錯，但很抱歉我並不真的確切知道。答案很重要嗎？一點也不，因為再大的創意部都能被你搞到很小器，再小的創意部也能被你變得很巨大。

創意，從來就不是單打獨鬥的工作，以前不是，現在與未來更不是，connect、collaborate、cooperate 這些動詞強調團隊合作的重要性，co-work、co-creation 還有台灣奧美 co-funder 共同創辦人廣告女皇 Shenan 莊淑芬新創的公司 CO-THINKER 共想聯盟，更在在揭示這是一個共創的時代。

要記住，釘孤枝也許很帥氣，打群架才是真聰明。因為新型態的創意案太龐大、太複雜、太多可能性，光靠幾隻小貓想做好根本是天方夜譚，必須張開雙手去集結一切有助於你的正能量，學習把過程中所需要和會遇上的每一個人當成你的 partner，不是萍水相逢而是齊心協力的那種革命夥伴，找出跟不同且多樣的人們一起創作的最佳模式。如此一來，你再也不用管創意部有多少人，整個世界都是你的創意部。甚至，套用《牧羊少年奇幻之旅》的金句「當你真心渴望某樣東西時，整個宇宙都會聯合起來幫助你完成。」拿出創作的企圖、開放的態度和合作的誠意，整個宇宙都將是你的創意部。

45 | 拳怕少壯，薑敬老辣

身為一個在奧美創意部一待二十多年的老屁股，我也曾是全公司最少年的創意鮮肉。關於創意到底是年輕後進還是資深前輩的天下，我算蠻夠資格說嘴的。

「你的創意過時了。」創意人員過了一定的年資之後總會聽到這樣的聲音，可能來自那些小鬼的挑戰，更多時候是自我懷疑的心魔。我在坎城聽過一場 M&C Saatchi CEO 的演講，說到廣告產業需要更多的資深人員（The advertising industry needs more old people.），他舉野獸派藝術家馬諦斯為例，生命最後十五年臥病在床無法作畫更別說雕刻的他，在強烈創作慾望的驅使下拿起剪刀和色紙，用過人的經驗、品味、美感和創造力，即使「剪紙」照樣剪出一朵花，留下《蝸牛》與《鸚鵡和美人魚》等經典巨作。薑是老的辣，先進的成熟、見識和歷練，對人生和心性的體會，投射出作品的厚度和雋永，都是無可取代的寶藏。演講的但書是，除非我們能持續擁抱新科技和進步（It will only happen if we stay interested in new technologies and new advancements）。

我尊敬的老闆胡湘雲就是其中的代表性人物，不敢透露她的年資，總之我很難想像自己在她這樣的階段境界，還能始終如一地學習新事物、嘗試不同可能性並且毫不妥協地追求卓越，這也

是她之所以令人尊敬的原因。

　　我也欣賞、羨慕，甚至嫉妒、害怕年輕創意橫衝直撞的生猛尖銳，他們理解世界的新奇方式，身體裡流著當代的時髦血液，內建數位和社群的 DNA，還有好像用不完的體能和活力。有太多太多顛覆傳統、改變遊戲規則的偉大點子出自公司那個「天不怕地不怕的新來的」，甚至是更菜的實習生。

　　不管是少壯派或者長老院，都有彼此做不來也學不會的創意力道和能耐。一定要分高下、論輸贏嗎？如果不是比拚而是合作呢？別忘了，廣告可是講求 teamwork 的行業，如果年輕和資深的創意人員，可怕跟可敬的能夠一起共創、彼此激盪也相互學習，那會是多麼美妙而強大的事。老少配用在愛情、婚姻我不確定好不好，但用在創意團隊的組合上，絕對值得期待。

46 | 創意來了，你第一個想說給誰聽？

　　在迷霧籠罩的南海航行驚見魔島，在伸手不見五指的黑暗中曙光乍現，在快要窒息的瞬間吸到那口氧氣，在苦思之後靈光一閃的頓悟，那種強烈到要爆炸的興奮感，如果不趕快找人分享保證會得內傷。這是為什麼你要在第一時間把你的創意講給別人聽，更重要的是確認自己是不是被良好的自我感覺沖昏頭了，以及在 idea 熱騰騰剛出爐時趁燒、也在還沒真的被落實公諸於世前，尋求讓它變得更棒的批評和建言。

　　所以這位第一個聽到你創意的人選，十分重要。我的媽媽、妹妹、女友都被迫擔任過這個角色，結果多半是語帶敷衍的認同，出於善意的謊言，甚至無話可說的尷尬，徒增彼此許多困擾。這個人必須對廣告和創意有興趣，具備足夠的見識、良好的品味，願意傾聽，並且會對你說實話。

　　感謝創意夥伴倫哥吳至倫、阿力許力心和策略夥伴愛咪施淑芳，尤其是跟我在奧美一起從小長大的業務夥伴德瑞克曾致暐曾兄，他們不厭其煩地無數次為我品嚐創意的第一道麥汁，添柴火或澆冷水，提供寶貴的意見。

　　我衷心地祝福你，也能在創意路上找到屬於你的這個重要存在。

47 | 創意生命中最重要的他和她

在家靠父母，出外靠朋友，那做創意要靠誰？答案絕對是 PARTNER。

五〇年代末期 DDB 的創辦人 Bill Bernbach 開始將文案和藝術指導放在一起創作，這個革命性發明為廣告業注入全新的創意能量。兩種專業技能、人格特質 1 + 1 大於 2 的合力加乘，畫面與文字、視覺與概念、抽象與精確、直覺與邏輯的思考互補，從千山我獨行的形單影隻到配對同闖天涯有個伴好依靠，經過朝夕相處和患難與共產生的絕佳默契與革命情感⋯⋯從此，每個想成功的創意人，身邊都必須有一個偉大的 PARTNER。可能是命中注定一拍即合的幸福相遇，可能是互相欣賞甚至愛慕的邀約組隊，也可能是努力碰撞、磨合終於修練成最佳拍檔，無論如何你得用盡一切可能找到他或她。

台灣廣界最經典的兩個例子，是曾短暫當過我老闆的 Judy 陶淑真（art base）和 Julian 吳心怡（copy base）的雙 J 組合，還有至今依然黏緊緊堪稱夢之 CP 的柱子李宗柱（copy base）和 Bruce 李佳憲（art base），他們都是從 ART 和 COPY 時期就一路愛相隨，不管升遷或換公司甚至創業都堅持同進同出的 FOREVER PARTNER，無論夥伴關係、情誼和作品都令人既景仰又羨慕。

至於我的 PARTNER 們，創意生命中最重要的他和她：

　　第一代是剛入行時一人腳踏三條船、喜歡收藏布袋戲偶頭、用匠人精神對待每件工作的阿俊師黃維俊，以心海羅盤自渡渡人、帶我進入模型車世界的阿明哥張玉明，和把我當弟弟叮嚀、關心、照顧得無微不至的 Yaya 邱勤雅。

　　第二代是來自山林的女孩，帶著滿滿靈性，天真到無可救藥的鳳梨江鳳娌，她現在可是超厲害的女力大畫家。

　　第三代是移居台東長濱過著看海日子的 Jimmy 王俊源，也有人叫他王老吉，無論搭擋合作和吵架鬥嘴都痛快淋漓、火花四射，不只創意還參與我人生的許許多多，在我被狠狠打擊無法工作的某段時期更多虧有他一肩扛下所有重擔。

　　第四代讓我願意苦等九個月，大馬來的文勝林文勝看似簡單純樸，其實是想得比海還深的哲學家，除了有機會去北京就找他，我猜很難再找到跟他一樣講究、認真的人了。

　　第五代是前老闆 Rich 薛瑞昌介紹的 Matt 吳至倫，由於上知天文下知地理而被封為 Discovery 倫，溫和、親切、大方、重義氣和負責任使他成為人人尊敬的倫哥，幾乎我上得了檯面的作品，連廣告外的 MV 和書通通不能沒有他。

沒特別去寫 art 能力，是因為他們都擁有異於常人的美感，而美感來源應該就是他們都擁有的美好心靈。我很幸運在創意生命的不同時期可以遇見這麼美好的他和她，一起創作、生活、成長並從他們身上學習，讓我得以成為現在的我。

標準

我不入誰入之第十九層：自尋煩惱，永無止境。

48 | 找到創意的「5號出口」

「嘸好～」、「這個有人做過囉！」、「還有別的嗎？」、「你覺得這會得坎城嗎？」大概是我的老闆兼老師 Murphy 周俊仲最常講的幾句話，尤其最後一句，年輕不懂事的時候還會在心裡頂回去：「啊你是拿過幾隻獅子？」還有：「當我陳金鋒，棒棒全壘打喔？」

後來才懂，那叫標準。創意人的標準，決定作品的水準；創意人的態度，決定自己的高度。Murphy 說過：「創意是一座迷宮，只有一個入口，卻有五個出口，分別是平凡、有趣、好、傑出和驚世之作。好的創意人員往往堅持要找那第五個，最起碼，也要是第三個出口。那需要大量的熱情、毅力，還有一點傻氣。」不是說說而已，他真的傻傻在做，還逼別人一起做。

第一次跟 Murphy 過安麗徵員的創意，我們想了超過六十支腳本，他挑了一支半，另外半支是他幫忙改的，雖然兩支去提都槓龜，我卻發現，那可能是我入行以來想過最好的腳本，也開始明白，高標準和不放過自己的重要性。後來他從三十支挑兩支，十支挑兩支，到最後五支、三支就挑兩支，他說我們進步了，我也告訴自己，要開始追求比「Murphy 的標準」更高的標準。

如果不小心就從 1、2、3 號出口出來了怎麼辦？請站在出口

回頭看，想想為何變這樣，告訴自己下次母湯，千萬別養成太快出來的壞習慣。要是還有時間，就再走進去繼續找……「請問，5 號出口在哪裡？」

49 | 我們是不是太容易放過自己了？

　　我第一次參加國際廣告獎是被當時的 ECD Murphy 帶去號稱小坎城的泰國亞太廣告節，行程奇硬無比，一連五天，他規定我們每天早上七點半集合，吃完早餐，九點之前就進入會場，看作品、聽演講、觀賞頒獎典禮，到晚上七點才吃晚餐，我會任性地跑去喝一杯，然後才甘願休息。

　　芭達雅的所見所聞令我大開眼界，那是我第一次看到那麼多優秀的創意作品，親眼所及，活生生就在面前，讓人震撼、尊敬更嫉妒，也讓人覺得，自己怎麼那麼爛。我和 art base 的創意小寶孫樂安因為都怕鬼的關係，選擇兩人睡同一個房間，備受打擊的我們無力癱躺在各自的床上喝著 SINGHA 啤酒望著天花板，進行清談式的哲學對話：「為什麼我們與他們之間的差距這麼大？」基因、文化、飲食、教育、民族性、幽默感、聰明才智……聊了好多可能性，然後我問：「我們是不是太容易放過自己了？」小寶說：「啊對，就是這個！」類似的 BRIEF 我們也接過，但我們做出了爛東西，因為我們在 Murphy 說的創意迷宮五個出口的前兩個，就選擇放過自己，出來了。

　　這些優秀作品背後的創意團隊，肯定是在目送我們走出去之後，繼續堅持找到 3 號、4 號甚至 5 號出口才肯罷休，他們沒

有放過自己。這是我在泰國亞太最大的學習、收穫，回程的班機
還沒落地我已經開始在想 idea 了。「我們是不是太容易放過自己
了？」成為我和小寶返台後寫在奧美內部刊物《觀點》那篇校外
教學心得報告的題目，我絕不會再輕易放過自己，我這樣告訴我
自己。

50 | 請記得有時候還是要放過自己！

　　這是前篇的後話，人生路上總是過猶不及，創意路上也是。

　　帶著在泰國亞太最大的心得返台後，我的創意突飛猛進，獲獎連連，有很長的一段時間「不要放過自己」被我奉為座右銘。後來忘記是哪一年還收到一本奧美 Global 出版的紅皮精裝小書《THE ETERNAL PURSUIT OF UNHAPPINESS》，書名由排行全球十大文案的傳奇人物 Eugene Cheong 操刀，中譯「自尋煩惱，永無止境。」開宗明義就寫道「BEING VERY GOOD IS NOT GOOD. YOU HAVE TO BE VERY, VERY, VERY, VERY, VERY GOOD.」現在看起來簡直就像墜入恐怖的無間地獄，但當時卻有如雞血、強心針般呼應更支撐著我的傻勁。我就這樣一直ㄍㄧㄥ著，幾乎到了病態的程度，最後終於出事了。

　　我經常熬夜、失眠，一有案子就專注到人間蒸發失聯七八天，與親人朋友聚少離多，成為母親口中把家當旅館的不孝子，沒時間閱讀、運動、看電影、聆聽喜歡的爵士樂，忘了感受陽光的溫度和風的撫觸，我身體變差、健康失衡，常常感到焦慮和壓力，女友三不五時要我在廣告和她之間做出選擇……後來我才恍然大悟，這些都是「比創意更重要的事」。

我必須更正一下前篇太快又太帥的說法，不要輕易放過自己，但生命中有太多太多值得你去關心、照顧、熱愛、保護的人事物，而奇妙的是，這些美好正巧就是你害怕失去的創意靈感的泉源，所以拜託請記得，有時候還是要放過自己！

51 | 魔鬼藏在細節裡

　　如果我們將廣告創意視為作品，自然就必須注重所謂的細節。細節能提升作品檔次，從好到棒，從優秀到卓越，相反地，它也可能讓你從天堂落入凡間，甚至掉進地獄。

　　同樣在泰國亞太廣告節那場主席點評，他給我們看了 11 News Channel 一系列三張平面稿，穿著電視台背心的攝影記者將上班族、髮捲大媽和睡衣男手持上肩，像攝影機一樣直擊新聞現場。很強的 idea，不用標題就懂，甚至因為背心上有印所以連 Logo 都免了，是元素最少的高級平面作品，但卻只有髮捲大媽那張拿了銅，另外兩張佳作而已，他問大家知不知道為什麼。「她的裙擺下垂特別像攝影機」、「大媽那張才符合 TA」、「構圖和色彩比其他兩張美」、「看起來最有趣吧」……各式各樣的答案都不對，「你們都沒注意到一個細節嗎？」他說，攝影機的設計都是讓人放置右肩以右眼觀看景窗，三張中只有髮捲大媽被攝影記者扛在右肩，另外兩張卻是左肩，世上沒有這樣的攝影機，原本系列三張都是金獎，有位眼尖的評審舉手點出了這個細節上的瑕疵，結果全被拉下變成一銅兩佳作，一肩之差，豈止十萬八千里。

　　有人幫你找出細節裡的魔鬼絕對不是壞事，這套作品的創

意團隊把上班族和睡衣男的畫面做了鏡反，並且重合了背心上的 Logo，兩個月後在坎城創意節，三張全疊打都拿了金獅。

52 | 得不得獎，真的很重要，也一點都不重要

以前覺得 Murphy 很奇怪、太誇張，總是把得獎掛在嘴邊，還會統計整理國內外各大廣告獎得獎成績做成數字圖表，老實說我並不是很認同。結果不知道從什麼時候開始，自己也變成這副德性，不過沒他那麼嚴重就是了。

得不得獎，真的很重要。創意的好壞太主觀，廣告獎透過制度化的規則和給獎條件的設立，由專業評審進行裁判和辯論，最終形成共識選出的得獎作品，已經是相對而言最客觀、公正的標準。那隻獅子或這支鉛筆是對你和團隊的肯定，證明你們在創作的是好東西，你們付出的時間和心力對所處的世界是有意義的。IPA 曾有研究報告指出拿到五大國際廣告獎（CLIO、One Show、D&AD、坎城和倫敦）的作品，比起那些沒獲獎的廣告，擁有 11 倍以上的銷售力（最新的數據甚至是 16 倍），也代表你們幹的好事對客戶的生意是有幫助的。

當然我說的客觀公正終究是「相對」的，隨著經驗累積，你對創意的好壞越來越有自己的見地甚至相信之後，你會發現，真正的好創意有時不一定能得獎。這裡頭牽涉太多，人性、潛規則、刻板印象、文化差異或政治這些鳥事不好說，就簡單說成「運氣」吧。慢慢地我學會，一方面期待得獎，一方面不必太在意廣告獎

的結果，如果我認為這是件好作品，它得獎我當然開心，即使沒得獎，它依然是好作品。相反的如果我不認為這是件好作品，就算它拿了天大的獎，我還是覺得它並不怎麼樣。況且，每個廣告任務都有它先天的要求、資源和可能性，以及過程中難免遇到關於人事時地物的現實阻礙，能在限制下盡力做到最好，產出對得起客戶、團隊和自己，夠格被稱為創意的作品，在我心中，你已經得獎了。所以才會說，得不得獎，也一點都不重要。

53 | 成功的開始是勇於與眾不同

創意是什麼？最簡單基本的就是「做別人沒做過的」。英文的動詞是 create，如果跟別人一樣，就是 copy 了（雖然文案叫 Copywriter）。不過話雖如此，做起來可一點也不「簡單基本」。

大陸畫家羅中立八〇年代的畫作《父親》被譽為中國近代藝術里程碑，寫實擬真的畫工雖好，乍看卻無獨特之處，原來重點在於畫的尺寸，刻意與天安門廣場的毛主席一模一樣，當時全中國只許一人能擁有如此巨幅肖像，畫家做了沒人做過（敢做）的事，所以重點不在技法，而是想法。

我曾在公司舉辦的大衛奧格威紀念活動撤場後，撿到一幅創辦人抱胸托腮的海報，額頭竟還大不敬被踩上腳印，下方有 quote 他一句「成功的開始是勇於與眾不同。」我視為緣分，把腳印擦乾淨，掛在座位旁看得到的地方，時時叮嚀自己，然後就做出全聯《便宜一樣有好貨》系列和多喝水的 Waterman，這張奧格威也一路跟我走到現在。

小心語意上的弔詭，並非「勇於與眾不同」就會成功，而是才有機會「開始成功」。在媒體資訊爆炸的時代，消費者每天接觸 5,000 則廣告（而且竟然還在增加中），想脫穎而出被看見，不一樣，絕對是先決條件。就像全聯董事長林敏雄先生挑選 idea 眼

光獨到,永遠都是那句「這個好,這跟別人的不一樣。」不得不佩服他的智慧。

地表最高大的創意,時任奧美大中華區 CCO 的 Graham Fink 曾到過我的辦公室,問道:「牆上怎麼有『這傢伙』?」(英國上奇系統出身的人不像我們把奧格威當神)聽完我的故事,他說:「你不應該擦掉腳印的,你原本可以有張與眾不同的大衛奧格威⋯⋯」馬的好有道理,真想把它踩回去。

54 ｜ 當蜜蜂繞著我的下巴飛，
我知道我已離岸不遠

　　剛入行的時候公司三不五時就有吃吃喝喝的 Happy Hour，記得有次在民生東路舊奧美樓下老闆長得很像施明德先生的金海岸胡椒蝦，ECD 劉繼武說了一個大偉的故事。那時大偉三十多歲了才進奧美上班，第一件工作是參加一個古龍水品牌的比稿，某晚時任總經理的 TB 宋秩銘巡視 review 時看到其中一張平面，標題是「當蜜蜂繞著我的下巴飛，我知道我已離岸不遠。」他驚為天人問這誰寫的，得到的答案是有個新來的文案叫孫大偉，TB 立刻去找大偉「你是孫大偉嗎？」「嗯～我是」大偉有點嚇到，「你家裡有什麼問題嗎？」「還好，沒有。」大偉更害怕了，「有任何問題都告訴我，公司一定會幫你解決！」伯樂 TB 從那句文案認出了大偉這匹千里馬。

　　聽故事的時候我心想，這句到底有什麼了不起，我也寫得出來吧，基於好奇，我把它記了下來。後來因為演講和備課的關係，我想要整理、歸納一個自己對好文案（也是好創意）的定義，我發明了「黃金三角形」。最上面的頂點是「準確度」，廣告是傳播、溝通的工具，把客戶要講的訊息清楚呈現，是最基本的要件。左下角是「感染力」，是能夠感動人心，讓人哭、讓人笑，快樂、悲傷、驚嚇、憤怒或捨不得都好。準確度和感染力，其實

就是 Murphy 上課時跟我們說的廣告只做兩件事：「溝通訊息」和「娛樂消費者」，能做到這兩點，已經是很好的文案（創意）了。我在右下角加了一個「啟發性」，提供觀點、態度、精神或知識，讓人看了之後有所獲得，改變了某些想法，甚至決定去做什麼事。這是可遇而不可求、最難能可貴的一角，如果做到，就是卓越的傑作。

然後我回頭檢視「當蜜蜂繞著我的下巴飛，我知道我已離岸不遠。」招蜂引蝶準確傳遞了古龍水的迷人香氣，出航已久的水手想家又近鄉情怯的內心戲感染著我，最重要的是裡頭竟然藏著 Discovery 等級的地理知識，啟發人們要是不幸像鐵達尼或少年 Pi 那樣遇到船難在海上漂流時，如果看到蜜蜂，或者蒼蠅也可以，繞著你的臭頭飛，記得趕快抬頭張望四周舉手呼救，因為陸地就在附近了。一個剛入行的菜鳥文案，用短短一句話就承載了準確度、感染力和啟發性，我才明白有多厲害，自己真的辦不到。

黃金三角形是我給自己和夥伴的追求，後來盡得真傳甚至某些部分早已青出於藍的創意總監阿力許力心在下面又多加了一角變成很像春聯的黃金四角形，她說還必須具備「時代感」，用當代的語言、口吻、情調和美感去講故事，我覺得挺有道理的。

養分

都是因為那些人，我才得以學會的那些事。

55 | 我也在和你們競爭

　　我和丁丁來奧美上班的第一天，當時兩位執行創意總監之一的超級前輩劉繼武請我們到樓下的坦都印度餐廳午餐，他說他家印度鄰居都來這吃飯，應該是十分道地。繼武點了豐盛的一桌，自己卻半口都沒吃，他大概喝了六瓶啤酒，服務生似乎很有默契地只要他酒杯見底，就會主動上前注滿新鮮的一杯。

　　我永遠記得他一邊喝一邊跟我們說的兩件事。第一件是問我們幾歲，當時我 24 丁丁 25 都算年輕鮮肉，他卻語重心長地說他認為沒有 30 以上和一定的生命閱歷是不夠格當文案也沒辦法寫東西的，搞得我們兩人尷尬互看，不知如何是好。第二件是問我們早上有沒有看見創意部那些同事，我說有，他們每一個看起來都超厲害的，他告訴我們「你們來這裡就是要和上面那些人競爭，」我們吞了一口口水，他溫文儒雅地補上一句更狠的「我也在和你們競爭。」

　　那大概是印象中我第一次覺得自己好像對創意工作在幹嘛有了一知半解的認識，他說的競爭不是你死我活、勾心鬥角的較勁比拚，而是不管你是菜鳥文案、創意總監還是實習生都一樣，每次都一樣，這件事很公平，你必須拿出自己畢生的本領、絕活，即使像繼武這般被譽為奧美亞太區最強 copy base 創意的神壇級人

物，依然謙虛並且認真地把我們當成競爭對手想著「我是不會輸給你們的」。

　　後來我做 ACD 的時候，當年 19 歲要叫 TB 舅公的 Tiff 來創意部實習，某個週六下午我和她進公司加班討論 idea，光是討論誰要先說就花了快半小時，她說她第一次跟創意總監講 idea 很緊張要我先說，我說我才緊張好不好，我的 idea 如果輸給實習生臉要往哪放……繼武前輩的話，我一直都記著。

56 | 吸了不要忘了吐，
吐了更不要忘了吸

丸子朱玲瑢是我進奧美第一年的老闆也是啟蒙導師，當年的
ECD 杜致成老杜更形容她是把我從廣告新生兒一手拉拔帶大的娘
親，她在奧美的最後一天跟我吃午餐時語重心長地要我記得「好
好規律呼吸」，廣告創意的生涯才能一直延續下去。

她說吸就是認真生活、努力學習，吸收知識和養分，累積你
的創意能量；而呼就是發想和表現，寫文案、做作品，釋放創意
能量。你不可能一直呼，會沒氣，甚至斷氣，也不可能一直吸，
會裝不下，甚至膛炸，所以你要有進有出，調節呼吸，學習保持
一種穩定的節奏……為了讓自己有朝一日可以領那面傳說中厚到
摳不出來的奧美金牌，我決定謹記在心。

玄之又玄的開示，我聽得一愣一愣的，除了當場就一邊呼
吸一邊感受，後來更花了很多年的時間揣摩並且身體力行什麼叫
「好好規律呼吸」，我之所以能在奧美、在這行一待二十多年，
丸子的忠告還有我的聽話都至關重要。創意這條路就像登山，不
是你走得多快、多高，而是你可以走得多久、多遠。其實也很像
跑步，我為 NIKE Running 做的平面稿文案就是這樣寫的：「吸吸
吐 吸吸吐 吸吸吐 重點是 吸了不要忘了吐 吐了更不要忘了吸」。

57 │ 問自己一百個問題還不夠

　　我第一次認識台灣奧美的集團總經理呂豐餘 Lu 是將近 20 年前在普拿疼速效錠的內部腳本 review 會議，我是文案，合作的 ACD 是阿威陳威宏，Lu 是當時運籌廣告（我是大衛前身）的副總，下週一的提案，我們三人週六下午一點約在公司過，那時一個案子的內容很單純，只有 AB 兩路腳本。我們大概花了二十分鐘就講完腳本，Lu 開始問問題，一題接著一題，直到落地窗外的天色變黑，已經超過六點了，他還在問問題，我終於忍不住開口問他：「請問你到底有多少問題？如果這兩支腳本真的有這麼多問題，乾脆不要提好了，我們想新的比較快。」Lu 急忙解釋說他本人其實沒有問題，只是「客戶上身」一下，想像如果自己是客戶會問什麼問題，我們一起準備好答案，或者做出修正。

　　雖然我還是覺得他問題太多了，但這個好習慣卻被我偷學起來。換位思考，除了想像如果自己是客戶，我也會想像如果我是創意總監會問文案什麼問題，如果我是我的 partner 會問我什麼問題，如果我是導演會問創意什麼問題，如果我是消費者會問品牌什麼問題，後來還有如果我是攝影師、美術或演員會問導演什麼問題。不是為了問而隨便做做樣子問幾題就了事，而是一直問一直問找出各種可能不周到、有 bug 的地方，準備好答案，或者做

出修正，這些問題們讓我得以從不同的角度、面向去思考原本狹隘的自我絕對不會想到的事。

那個週一的腳本提案，Lu 問的問題，客戶一題都沒問，但卻問了幾個他問了一個下午都沒想到的問題，所以答案是就算問成那樣還不夠，你應該繼續往下問到天荒地老。Lu 的問題很多，但他始終是我尊敬的大哥，我到現在都很享受跟他一起參與比稿，在 rehearsal 結束後大夥兒一起想像客戶會問什麼問題，那趴自問自答的美妙時段，幾乎沒有意外，問題最多的永遠是他。

58 ｜ 大智若魚教我説的故事

　　作為一個廣告人，一個創意人，或者一個說故事的人，影響我最深的一部電影非《大智若魚 Big Fish》莫屬。它是鬼才導演提姆波頓 2003 年的作品，我個人認為他把自己對於「說故事」的所有觀點，都放在這個美麗而奇幻的故事裡。

　　除了感人的父子情，電影啟發我太多太多，我會固定在輔大廣告的「廣告創意導論」課程期中報告後一週放給學生看，也會在暑假的某個中午約奧美的「紅領帶」們一起看，等於每一年至少會重看兩次，致敬經典中的經典，從而溫習也尋求新發現。

　　為免劇透爆雷，請容我沒頭沒腦地點列下關於做創意、說故事，大智若魚教我最重要的事：

- 河裡最大的魚，永遠不會被人捉到。（想 IDEA 也是，別讓任何人捉到你）
- 被養在小魚缸裡的金魚只會一直維持牠的大小，若有更多空間，金魚就會數倍化地成長。（Think Big 千萬不要小看自己）
- 全部都是事實，沒有添油加醋，一點樂趣也沒有。（廣告的本質就是「基於事實的誇大」）
- 一個人不停訴說自己的故事，讓他自己也成了故事本身，故事在他死後繼續流傳，那樣，他也變得永垂不朽了。（這就是我

們為什麼要說故事吧！）

　　說這麼多不知有沒有用，總之，還沒看過的，快去看！已經看過的，再去看！

59 「坐下，工作」或者「坐下，讓奇蹟發生」

當我老闆時間最長的奧美首席創意顧問胡湘雲姊姊說過，創意人員有三種，面對「今天傍晚才接 BRIEF，明天一早就要提案」的狀況，第一種會先去晚餐，沒有回來，乾脆落跑；第二種也會先去晚餐，接著回來坐下，好好完成工作；第三種還是先去晚餐（好好吃飯真的很重要），一樣回來坐下，但他讓奇蹟發生。

湘雲說的話，總是像這樣自帶激勵人心的魔幻力量，但她也不是說說而已，Wego《薇閣小電影》、法藍瓷《See The Love》、大眾銀行《母親的勇氣》和《夢騎士》……許多奇蹟真的就在她手上發生。

關於奇蹟，或許每個人的定義不同，但我聽見的是「相信創意」。相信創意擁有無限的可能性和無敵的超能力，相信創意是在人們心中投下一顆原子彈，相信創意可以反敗為勝、起死回生、化腐朽為神奇。畢竟，要是連創意自己都不相信創意，還有誰會信？

如果你和我一樣有勇氣（或傻氣）願意相信，要去做湘雲說的那第三種創意，那你就不用工作了。你坐下來的時候，會覺得緊張、興奮並且充滿希望，因為你知道，你正在創造奇蹟。在你腦袋裡的某個地方，一定藏著可以改變世界的東西。

60 | 做一個有觀點的人

常有人問廣告公司或者奧美喜歡用什麼樣的人，答案是有觀點的人。奧美行之有年的內部刊物就叫《觀點》，可見觀點的重要。要對太陽下的每件事物都有觀點，並且願意也有能力把它表達出來。怎樣才足以被稱為「觀點」？必須是獨到的、有理的、動人的，比我們想的還要更難一點。

奧美首席策略顧問葉明桂是我見過最有觀點的人，把品牌要持續做對的事情累積形象資產的硬道理，比喻成打柏青哥小鋼珠中獎錢進來了就維持這個姿勢不要動，是不是很有觀點？

我去學校教書前向時任董事總經理的他報告，他說「大中我要謝謝你」，我問謝什麼，心想應該是謝我宣揚奧美精神、價值或者為公司吸引潛力新血之類的，結果他的觀點是「你的腦袋是我們公司的重要資產，你去學校接觸年輕人可以保養你的腦袋，所以我要謝謝你為公司保養重要的資產。」

另一個例子是有次在決定要不要參加比稿繼續服務某客戶的會議中，他老人家因為記性變差想到什麼怕不快說會忘掉，連續打斷插了三次我的話，脾氣差加上最討厭被插話的我一怒之下把手中原子筆一丟、雙手攤開嗆說那我乾脆閉嘴什麼都不要講好了。我當下就覺得自己錯了，實在太無禮了，會後湘雲也把我留

下要求我必須跟他道歉，我很不好意思地去找阿桂，他卻好像沒事一樣要我陪他下樓抽根菸，在吞雲吐霧間竟然還誇我這樣很好要保持下去。他的觀點是「醫生跟我說 listen to your heart 比 listen to your mind 更好，像我這樣忍耐壓抑自己的情緒不好，會生病，你剛剛那樣生氣了就抒發出來對身心比較好，而且你冒犯我扣 20 分，但你願意來跟我道歉又加 40 分，你這個機制真好，不只健康還能倒賺 20 分，所以要好好保持。」我呼出一口煙，拜託他不要這樣寵壞我，心裡想著不愧是阿桂，真是獨到、有理又動人的觀點呀！

61 ／／／ 只有廣告沒辦法走得太遠

曾幾何時，不務正業變成一個好主意。Brut Cake 的設計師主理人 Nicole 鄧乃瑄曾是台北奧美的業務，2004 年她留職停薪去德國學畫三個月後返台，告訴我歐洲的年輕人正開始流行一種叫做 Slash 的觀念，就是人的一生不該只有一個 career，而是要發展不同的身分、職業，每多一個就加一個 Slash，一直往下越多越好。妮可說：「大中，我們來比賽好不好？」後來她變成廣告業務／藝術家／策展人／設計師／品牌創辦人／空間規劃師／CAFE 老闆，為了不想輸我也努力 Slash 出廣告創意／助理教授／作詞人／導演／樂團吉他手／作家／跑者。我對 Slash 的定義是由你感興趣的事發展出來的工作，而非以賺錢為目的的兼差，但你必須能靠它賺到錢，才足以證明你是 pro 的，不是玩票性質的嗜好而已。

我們算是走得很前面，大概十年後「斜槓」才在台灣成為顯學，我還因此獲邀參加了許多演講、座談和採訪，甚至被編進教科書，儼然成為「斜槓青年」的代表人物之一。因為實在心虛得很、不好意思，後來我只好婉拒所有相關邀約。

不過 Slash 帶給我的養分，我倒是欣然接受。它讓我體會不同的人生，擁有豐富的經驗，培養多元的技能，每個 Slash 都相互影響、加乘。它讓我的創作能量有更多可能的抒發管道，而且彼此

之間還能接通、連動。它讓我不會成為只有廣告廣告廣告，那種既貧乏又無聊的創意人，不會覺得疲憊厭倦，但所有的展開又都迴向幫助了排在第一順位堪稱「本命」的廣告創意。創造力這種東西很奇妙，一直過分專注在某個點上，不見得是好事，別把雞蛋放在一個籃子裡，你要學會適時切換頻道，想想別的有的沒的，就像把不同的球在手中丟來丟去，反而會帶給你意料之外的能量。Slash 是這樣，同時做好幾個案子或者接阿魯也是一樣的道理。

2016 年我在坎城創意節地下層的 Masterclass 大師講堂，聽了來自世界另一端在坎城拿過四座全場大獎和超過四十隻獅子的巴西人 PJ Pereira 分享的《WHY ADVERTISING ALONE CAN'T GET YOU TOO FAR》，熱衷科技、醉心武術，還寫了一套三部曲的小說正洽談要拍成電影，這些不務正業如何幫助他的創意本業，異曲同工，說的也是一樣的道理。

62 | 兩點間最近的距離不是直線

　　名列世界十大文案的前奧美亞太區首席創意官 Eugene Cheong，是我非常佩服、尊敬的創意老闆，他說過（寫過）許多被我放進嘉言錄的金句。我記得在橫跨太平洋的不同場合，他跟我當面說過三次「兩點間最近的距離不是直線」，一定是因為很重要吧。

　　它違反物理，卻充滿哲理。首先，裡頭所指的是從 A 點到 B 點真正的「到達」，真正得到你要的結果、達成你設的目標，比方你要「想到 idea」還是「想好 idea」。再者，A 點和 B 之間，也可能有許多起伏、障礙甚至困難、危險，勇往直前不見得聰明，搞不好要花更多時間，懂得繞道而行才是真智慧。還有，講故事、寫腳本也一樣，直接說出訴求、訊息的，通常無聊乏味到讓人過目即忘，所以要鋪哏、要拐彎抹角，有趣的東西才會真的被記住。這都是為什麼兩好球之後，投手不會直接投第三顆好球，而是先吊一顆壞球，再投進來三振打者。

　　Eugene 把它套用在那些急著功成名就的年輕創意身上，你到底要接受 A 公司的挖角秒變創意總監，還是留在 B 公司認真學習、努力創作，讓自己實至名歸成為真正夠格的 CD。

不管從這裡到那裡最近的距離是什麼，創意沒有捷徑（人生也是），我只知道要做出好東西，就只能踏踏實實地一步一腳印，走最遠、最辛苦的那條路。

63 別只跟導演合作，向他們學習

從事創意工作會讓你遇到很多導演，不誇張，真的很多。

然而事實上這並不符合統計和機率的原理，要成為一位導演，必須擁有一定天賦的美感和故事力，透過專業技能的養成、實務經驗的積累，加以相對豐富的生命閱歷和對人性的洞察，努力用功拍出些什麼東西，讓人們願意把預算、資源、團隊交付在他手上，攝影、燈光、美術、製片、剪接等好手願意聽他號令指揮，發自內心喊他一聲「導演」，由他全權掌控去完成整條片子，並一肩承擔好壞、成敗所有責任，這樣的存在怎麼算都少之又少。（同理，創意總監也不是隨便就能遇到的）

從這個角度看，能在一路上遇到不同的導演，真是很幸運的事。如果只跟他們合作完成一支影片、一件作品，是不是有點辜負了這樣難得的緣分？貪心一點，不要客氣，把握機會向他們學習，這些萬中選一的稀有物種身上，藏著各式各樣意想不到的珍貴寶物，保證不會讓人空手而回。

張恆泰導演是我大學班上的二哥，教我邁向導演之路以及想要立足什麼風格、領域都是必須規劃經營的，還啟蒙我關於成為「男人」的種種必須，包括送女生回家你得看著她安全進門才能離開。

黃元成導演是我剛入行就認識同年份的三八兄弟，教我認真、熱血、拼命是把片拍好的絕殺武器，真正的 rocker 不只愛去 FUJI ROCK 喊破喉嚨，還愛自然、愛做菜、愛媽媽、愛老婆和愛小孩，完全不違和。

　　來自香港，本名蔡美詩的導演 Maisy 是我廣告生涯娘親丸子的好姐妹，論輩份應該叫聲阿姨吧，親身示範教我在最挫折失望的臨界點還是不准放棄，要做出對得起自己的作品，以及明明很厲害卻能偽裝成很搞笑、很可愛，才是真正的厲害。

　　沈可尚導演是不管廣告片、劇情片和紀錄片，還是導演、編劇、攝影、監製甚至電影節總監樣樣來，將自己奉獻給拍片的正港影人，教我這件事不是開玩笑的，要一直想、一直挖、一直試、一直改，一直到覺得什麼都對了為止。開機前他習慣先坐在演員的位子，設身處地想像體會這場戲該如何表達呈現。

　　盧建彰導演以前是我同組的文案哥兒們，教我在創意、生意和意義之間可以找到相容共生的美好境地，別讓速食化的廣告成為用完即丟的垃圾污染美麗地球，也教我懂得關心人、知足、樂於分享和做個北七。

尹國賢是年輕我十歲的新生代導演，無論跑步距離、酒精攝取和龜毛程度都跟我相見恨晚。除了對公益案的投入，不軋片的堅持，他回奧美母校分享時我還抄下受用的筆記：讓工作團隊成為創作團隊／替作品服務，不是客戶服務／再好的執行都比不上一個純粹的想法／再好的想法都會毀在一個糟糕的執行。

　　羅景壬是我合作最多的導演，被他稱為戰友是我的幸運，他的存在，更是台灣廣告界的幸運。羅教我即使 30 秒的廣告也要做足人物性格時代背景的角色動機設定，才能為作品賦予更豐富、立體的厚度；關注社會、文化和議題並誠實地提出批判，我們必須展現這個行業應有的高度。我有一陣子曾經請求默默坐在他高大的身影後方，偷偷觀察學習關於導演的一切，大導演如他收工時輕聲跟製片了剛剛太忙沒吃到的便當帶回家，充滿美感的惜物舉動，成為日後全聯經濟「美」學靈感的濫觴。

　　陳玉勳導演拍的《熱帶魚》是我大學時最愛的電影，跟他拍片差不多就像跟偶像見面。與客戶交片陷入膠著時，我親眼看過他請製片把他的包偷拿出去，然後起身假裝上廁所就再沒回來，帥翻了。因為看了多喝水十五影展的短片《失去的顏色》知道我也當導演，自詡為「新銳導演」的他開始叫我「學長」並自稱「學

弟」，獨特的邏輯和與生俱來的幽默感不好學，學弟教學長的是要謙虛。被定位為喜劇導演的潛台詞是你們都不知道最難拍的其實是喜劇，2020 年《消失的情人節》拿了金馬獎最佳導演、最佳劇情片和最佳原著劇本，傳簡訊恭喜他，他回「謝謝學長」。

Marco Grandia 是拍我生涯最貴大片的荷蘭導演，我們在巴賽隆納拍梅西代言蒙牛的世界盃品牌傳播。模擬預演試拍的精準程序，讓三小時拍完梅西二十幾顆鏡頭的不可能任務變可能，學起來。拍片的空檔他會變魔術給大家看，不是開玩笑的，他是有售票演出的職業魔術師。片場有位瀟灑的老先生走來走去，一問之下才知道是他老爸 Robert，年輕時因為太太有幽閉恐懼無法坐飛機鮮少出國，兒子當導演後決定到世界各地拍片都要帶著自己的父親一起，聽到這裡我濕了眼眶。監拍到一半，monitor 裡原本鎂光燈閃個不停照著梅西卻換成了 Marco，嘴巴還動著好像在唱歌⋯⋯晚上吃飯時他告訴我，1973 他出生那年有首搖滾樂是他最愛的歌曲，十幾年前他開始從自己拍攝喜歡的片子中挑一個 key cut，入鏡對嘴，他將整首歌拆解成 23 句、23 cut，這是他的第 16 次，全數拍完接起來之後的 MV 將在他的告別式播放，我恨自己太晚認識他，不然絕對有樣學樣。最後一天那場醫生跟梅西說明傷勢

的戲，他突然要我過去穿上白袍照演一遍，交片的時候，他送我一個紀念版，我成為梅西的主治醫師。Marco 簡直像一本奇書，教我大開眼界。

還有符昌鋒、楊力州、陳宏一、孔玟燕、易智言、吳念真、莊永新、鄧勇星、王維民、張榮吉、李光偉和林錦和導演，他們都曾在不同階段給過我如沐春風的珍貴養分。

意念主我

如果只是想做好廣告，是不會做出好廣告的。

Kasiboan

64 | 尋找一種叫做意義的東西

　　那年我去小巨蛋聽了縱貫線的演唱會，我坐的區域周遭都是叔叔阿姨輩的資深歌迷，四位團員依照輩分出場。張震嶽的〈我要錢〉、〈愛我別走〉他們沒啥反應，周華健的〈花心〉、〈讓我歡喜讓我憂〉他們跟著點頭、晃呀晃，李宗盛的〈寂寞難耐〉、〈十七歲女生的溫柔〉他們有些人開金口哼了幾句，直到羅大佑出場唱起：「亞細亞的孤兒，在風中哭泣……」他們突然像天空之城裡沉睡的機器人被喚醒那樣通通站了起來，整齊地搖擺身體放聲合唱：「……黃色的臉孔有紅色的汙泥，黑色的眼珠有白色的恐懼，西風在東方唱著悲傷的歌曲……」那一幕充滿震撼力，然後他們都哭了，我也跟著紅了眼眶，這是〈亞細亞的孤兒〉，接下來還有〈鹿港小鎮〉和〈光陰的故事〉。

　　演唱會散場之後我在想，同樣身為創作者，我創作的工具、媒材是廣告，羅大佑則是音樂，但是我做出用完即丟的速食成品，而羅大佑卻創造了意義，那是一整個世代的集體記憶、文化、情緒和鄉愁，三十年甚或五十年之後再聽，它依然擁有價值、充滿意義。

　　我們做的廣告，我們的創作，也能擁有這樣的高度嗎？有人追求生意，有人重視創意，而我更想邀請大家一起，尋找一種叫

做意義的東西。就像我的好哥兒們喀導盧建彰說的，不要讓廣告成為製造碳排放、汙染地球的行業，不要讓這些時間、金錢、人力、心血成為浪費，不要讓我們的產出成為三個月或一年之後就不具任何意義的無用垃圾。

65 | 用你的幸運去做些有意義的事

　　我一直覺得擁有創作的慾望和天分，以及創意之神眷顧所給予的靈感和幫助，於是能創造出一些動人、美好的事物，真的很幸運。

　　所以我也一直覺得要把握這樣的幸運，去做對人、社會、世界有意義的事，讓更多人獲得幸運，才對得起幸運的降臨。

　　入行前聽說王念慈前輩成立大好工作室，從商業廣告市場轉身投入公益廣告領域，就令我十分欽佩。2001 年桃芝風災時我們為國泰人壽做了兩張平面稿，幫一位獨居老伯伯和一位親人不幸離世的小妹妹，募得超過百萬的捐款，是我第一次感受創意工作的正向力量。

　　在紐約 One Show 聽 David Droga 介紹 Droga5 的大作，我清楚看見當他說到 Tap Water 計畫時，臉上完全不同的表情，洋溢真正的快樂和滿足，因為他用創意幫助了數以千萬計第三世界國家的孩童可以取得乾淨用水而免於死亡。

　　資本體制下的廣告公司不是慈善事業，不可能天天做公益，但我們可以有意識地讓「好事」更常發生。試著找出品牌訴求和社會責任之間的連結，商業行銷也能傳播善良和美意，像多喝水 Waterman、遠傳電信開口說愛、全聯經濟美學、中元節感恩月和

國泰金控小小鼓手，都證明生意與意義絕對存在雙贏。或者積極參與為客戶執行公益 campaign，像遠傳 # 我的未來我來救和可口可樂我有我的罷免權，都是應該當仁不讓的好機會。再來就是由廣告公司、創意人主動發起，針對特定議題、族群或與 NGO、公部門合作的 project，像為新住民發聲的 # 有妳真好、呼籲把垃圾帶離蘭嶼的咖希部灣、伸張性平的 UNI-FORM 無限制服和「用被遺忘的衣物，幫助正在遺忘的人」的 REmemory 回回憶，奧美也持續用創意力和影響力實踐我們稱為 Force for Good 的精神。

　　Unilever 全球 CMO Keith Weed 的著名演說《Marketing for People》是我在坎城聽過最棒的一堂課，而我也很聽話地跟著這樣做。不是為了得獎喔，國際廣告獎評審有個潛規則，由於比較沒有客戶和市場的限制，公益廣告會被用更嚴格的標準檢視，而且不會給予全場大獎。作為一個創意人，理當關心身處的世界，努力透過創作去幫助人，這樣做不一定能變成優秀創意人，但會讓你真正感覺到自己是一個人。

66 | Marketing for People 創意為人

　　我在 2015 和 16 連兩年去了坎城創意節，第一年的第一個大早有幸聽到 Keith Weed 那場知名的《Marketing for People》演講。他穿著鮮豔奪目的螢光綠西外，介紹 Unilever 正在實踐的理念，尋找與品牌相關的社會課題或人類困境，用商業行銷的資源提供解決之道，「你做的廣告救了多少人？」這樣的量化數據甚至成為評估品牌經理的 KPI。多芬倡議的 Real Beauty，不再訴求產品如何讓女人變得更美，而是要她們相信自己天生的樣子有多美，正是最佳範例。結果是 Unilever 旗下 15% 投入 Marketing for People 項目的品牌，貢獻了全球成長的 60%，事實證明善意絕對可以是樁好生意，他邀請現場所有掌握傳播和媒體資源的人、企業和品牌一起成為「公民團體」，做有益人類社會的事。那真是場令人振奮、瞬間醒透的晨間演說，也為當年的坎城定了調。

　　延續相同方向，隔年聯合國秘書長潘基文上台拉起全球六大行銷傳播集團頭目的手，要他們承諾為達成十七項永續發展目標 SDGs 的願景共同努力，一起從事反貧窮、愛地球的行動，讓世界變得更好。這兩場演講影響了爾後坎城給獎的評審標準，創意作品必須對人類、社會、世界有所幫助，而且最好還是商業案，改變了廣告行銷產業的價值觀，以及，我的生涯。

身為一個曾經懷抱理想的憤青，我入行前一度發願要用創意的力量做對人類社會有意義的事情，結果發現以營利為導向的廣告公司根本就是資本主義的代表產物，經常飄散著讓人作噁的銅臭味，所謂公益只是少之又少的偶一為之，這樣的領悟讓我甚至對自己的工作與身分感到抱歉。

一切在 2015 年之後翻轉，我們得以光明正大地以商業廣告之名行公益善舉之實，把上天賞賜的創意才華拿來為「人」服務，這樣做不但能賺錢，還有機會得獎，而且就算你不做，全世界都在做。它是有道理的，尤其是對 FMCG 的商品，當品質、功能與價格差異不大的時候，人們應該會選擇把錢花在比較喜愛、認同甚至尊敬的品牌。我的好友奧美 ECD 謝陳欣是個衝浪高手，曾在海上救過兩條人命的事蹟，令我對他充滿好感和敬意，我想一個「救過人」的品牌也擁有同款魅力吧！

在那之後我們做了復興節儉美德的《全聯經濟美學》、對抗空汙的遠傳電信《＃我的未來我來救》兒童防毒面具、不只愛人更要愛鬼的全聯中元 campaign、解決蘭嶼垃圾問題的《咖希部灣》、對新住民說謝謝的《＃有妳真好》、擁抱性別多元自主的《UNI-FORM 無限制服》還有幫失智長輩重拾信心的時尚品牌

《REmemory 回回憶》，讓我的美夢成真，讓我更喜歡我的工作，也讓身為廣告人的我得以抬頭挺胸。曾任奧美全球 CCO 的印度廣告教父 Piyush Pandey 說：「給我一枝筆和一個議題，我就可以改變世界。」一點也沒在唬爛。

67 | 我把廣告當成一個中年男子 與社會的對話

　　我喜歡把複雜的事情歸納整理成簡單的比喻，這樣我會比較清楚自己在幹嘛，做的時候也覺得好玩一點，甚至更有價值。

　　我曾經把廣告創意當成「用一個好方法，把一個好朋友，介紹給另一個好朋友。」裡頭的第一個好朋友是客戶的品牌、產品或服務，第二個好朋友是消費者，好方法則是沒人做過的、創新的、合適的點子，想方設法讓我的兩個好朋友可以來電在一起，這樣的工作是不是挺有趣的？

　　當我越來越清楚廣告行業的本質，就像李奧貝納所說的「廣告應該是溫暖而有人性的，同時亦是關乎人的需求、夢想和希望。」同時媒體環境的變遷和數位社群的發展讓傳播溝通從單向給予逐漸轉為雙向互動，這個簡單的比喻在我有點年紀和資歷後被進階成「我把廣告當成一個 _____ 與社會的對話。」請在空格中填入自己的身分，可以是小資女、美少男、Gen Zer、知青文青或憤青、衛道人士、改革派……我的話，目前是中年男子。

　　我們從客戶的品牌、產品或服務找到相關的議題，提出我們的觀點或主張，尋求消費者的答覆和回應，進而產生對話。從小我就喜歡別人跟我對話，說直白的就是愛聊天，可以聊環保、教育、金錢觀、運動精神、家庭關係、醫療健保、貧富差距、人口

老化、世代正義、愛、生死、反戰、文化認同、性別平權、網路
霸凌、3C上癮⋯⋯從內子宮聊到外太空，這樣的工作是不是有意
義多了？

68 廣告之「美」從何而來？

以下是發想全聯經濟美學時我寫的一段概念文字：

過往在網路上搜尋「經濟美學」，你會得到約 5,180,000 個結果，不過全部都是在說「美學經濟」……

的確，說到經濟，我常常會聯想到實惠、省錢、廉價、cheap、小氣或者愛計較……這些很難跟美扯上什麼關係的詞語，但後來我才發現，那裡頭其實存在著很有美感的態度。

菜販陳樹菊省吃儉用只為把錢捐給需要幫助的人，廣告大導演羅景壬每一次都把片場便當裡的飯菜吃光光，廟街小公主海綿力總是多走幾分鐘用散步的心情去全聯買比較便宜的鮮奶或靠得住衛生棉……是不是都有一種美的感覺？

用比較少的錢買進一樣好的東西，蠻美的。
懂得珍惜自己或別人辛苦賺來的血汗錢，蠻美的。
讓看似平凡的每一塊錢發出閃閃動人的光，蠻美的。
看著小豬鋪滿一天一天慢慢長大，蠻美的。
擁有一顆像媽媽般精打細算的腦袋，蠻美的
能夠把錢花得漂亮、花得有藝術，蠻美的。

做一個實實在在的年輕人，蠻美的。

將浪費、揮霍、奢侈的字眼通通刪除掉，蠻美的。

⋯⋯

以上種種，我真心覺得，蠻美的。

　　我想全聯經濟美學指的是發現並相信，用經濟的方式過生活這件事，其實還蠻美的。

　　而人們所說的廣告美學、美感，其中那個「美」，除去形式和實質的體現，我真心覺得也期盼更多的是關於人性、情感、善良、希望、共好和愛⋯⋯種種美麗的存在。

69 | 比廣告還要多一點的什麼

　　如果只是想做好廣告，是不會做出好廣告的。

　　廣告是美學，廣告是文學，廣告是電影，廣告是娛樂內容，廣告是行為藝術……在這樣的基礎和標準上做廣告，是不是感覺比較能做出好作品？

　　我在 One Show 頒獎典禮聽到有人說：「We are not making advertisements. We are making cultures.」你不是在創作廣告，你是在創造文化。我們真的是同行嗎？當然是，如果我們提醒自己，能不能比廣告再多一點？

　　多一點什麼？可能是文化、善良、情懷、美、愛，或者難以形容言喻的「詩意」，對，詩意，我喜歡這個說法，在廣告的文本之外，產生了某種能夠與人心共振的東西。Leonard Koren 寫的《WHAT ARTISTS DO》有段描述十分傳神：「藝術之所以重要，是因為藝術屬於現實的那個朦朧、無法量化的範疇，我們有時稱之為『詩意』。宗教、魔法，甚至愛、美，和其他非理性理解形式亦屬於這個範疇，詩意超越了現實人生之必需，卻又是我們賦予自己身分認同的構件。此外，重要的是，詩意是快樂、希望、享受與驚嘆的泉源；而當部分的人們令我們失望，上天卻似乎不願插手的時候，詩意又成了安撫與慰藉之源。」

一如在紀錄片《ART & COPY》中，創造 Apple 經典《1984》與賈伯斯合作長達三十年的大師 Lee Clow 說：「我對客戶有更高的期待，熱切希望他們能夠、應該或努力比現在做得更好。我們要告訴他們，你可以不僅僅做一間寵物食品公司，你可以愛狗而不僅僅是飼養狗。」撰寫《廣告大創意》的傳奇廣告狂人 George Lois 也說：「我討厭體制，我討厭現狀，我們在改變這個世界，而且大家都很尊重這一點。他們真的明白你在改變一個文化，在發表能夠直擊心靈的政治和形象宣言，在探討你認為生命到底是為了什麼。這是我這一輩子做廣告想要做到的。」對我而言這些都是在廣告世界裡追求詩意的 +1 白話文，永遠要做得比廣告還要多一點什麼。

老派

上個世紀的人才會說的話，現在還在說，就成了經典。

old fashioned

70 | 學著把挫折當飯吃

創意這行大概是世界上挫折感最巨大的工作，先別說提案沒過，即使提過了一路，另外那一路、兩路甚至三路一樣算是陣亡了，更別說那一卡車在發想過程中被老闆、partner 或自己殺掉的點子，它們都是你腦袋辛苦產下的寶貝孩子，就像親生骨肉被殺害的慘劇不斷上演、無限輪迴，如果沒辦法面對、承受，再熱血的青年也難逃陣亡命運。

還好我工作的第一年就遇到老杜，我很好奇他以前都是怎麼看待 idea 被老闆或客戶打槍這件事，他說他會跟自己說：「林北還年輕，有的是 idea，你殺得了我一個 idea，殺不了我千千萬萬個 idea。」「怎麼很像精蟲？」我問，他答：「就是呀。」

面對挫折最好的辦法就是往前看，往前看下一個案子，再說一次，這是這行最辛苦也最幸運的事，前面永遠有下一個案子等著你，一個重新出發、擁有無限可能的機會。那成功呢？這行當然也有不少令人欣喜、振奮的時刻，面對成功，小心別沉溺其中，一樣還是要往前看下一個案子。

71 | 我們正在做羅斯福不做總統 最想做的工作

羅斯福說：「不做總統，就做廣告人。」第一次看到時我以為他瘋了，大衛·奧格威《一個廣告人的自白》中有其原話：「如果我能重新選擇生活，任我挑選職業，我想我會進廣告界。若不是有廣告來傳播高水平的知識，過去半個世紀各階層人民現代文明水平的普遍提高是不可能的。」那個年代廣告可是能夠創造文化、引領潮流，眾所嚮往的偉大行業。

因為廣告總是為品牌、產品或服務，向消費者提供一個更美好而令人憧憬的生活樣貌，本質上就是對身處的世界散播正能量。因為廣告在做的兩件事——溝通和娛樂，傳遞、分享訊息，讓人哭讓人笑、覺得感動或愉悅，都是了不起的事。因為許多廣告更觸及願景、價值觀和夢想，它們啟迪思想、鼓舞人心甚至激勵行動，大眾銀行的《夢騎士》給人們勇氣去完成想做的事，《全聯經濟美學》教新一代重新擁抱傳統節儉美德。

因為我沒忘記在 One Show 頒獎典禮上，一位美國廣告大叔鏗鏘有力的得獎感言：「We are not making advertisements. We are making cultures.」我們的工作很重要，不只是製造廣告而已，我們用創意去反映時代、影響社會、帶動趨勢，就像 NIKE Just Do It 在台灣的《#不客氣了》大聲告訴生長在 BBC 筆下「道歉之島」上，過分

有禮貌、好教養反而變得太客氣、缺乏競爭力的年輕人，該你上場的時候「客氣，也要很不客氣。」

我們是羅斯福不做總統的話最想成為的人，而且如果你跟我一樣，一點也沒有想要當總統，我們的工作不就成為世上最棒的工作？所以我們必須好好幹，讓我們的產出擁有那樣的高度和價值。

72 | 我不打領帶，
但我心裡有條紅領帶

2007 年 7 月的一個夜晚，我的好兄弟林宗緯被奧格威徵召去天國做廣告，為了紀念他，也傳承他的精神、態度，我們成立了「紅領帶獎學金計畫」，到現在已經堂堂進入第十四屆了。

取名「紅領帶」是因為 Terence 非常喜歡穿西裝打領帶，連酷熱的夏天也堅持穿得有模有樣，甚至因此在 AE 時期就被別人誤認為總經理。我這輩子第一次打領帶就是大四時在花旗銀行公益行銷獎頒獎典禮的後台，並列首獎的林宗緯同學幫我打的。他跟我說過，像律師和銀行家這些被社會尊敬的工作者總是穿著正式體面，為什麼廣告人不？我們難道不該尊敬自己的行業嗎？所以對我而言，紅領帶代表著廣告業的自尊。

他說這裡聚集了太多聰明絕頂、見識不凡、品味卓著的人，所以我們必須每天努力讓自己變得更好。他相信我們在做的事情，能擾動社會、感染人心，創造價值和意義，甚至可以改變世界。他認為這是一份好玩、有趣的工作，所以我們工作的時候一定要好玩、有趣。他總是認真率直地表達意見、提供觀點，不好的就嚴厲批判，好的更要大聲稱讚。他尊敬資深人員並向前輩學習，也照顧新進同仁不吝給予指導。他可以為了一句 slogan 的用字，跟我在北京新城國際住所的陽台上爭論到三更半夜⋯⋯因為

他尊敬自己在做的事情。

這些在新時代裡看起來很 old fashioned 的東西，因為他而有了值得被傳承下去的理由，老派有其必要。紅領帶計畫培育出將近百位超優質的廣告新星，他們有些在奧美，有些在不同的代理商、在客戶端，或者在不同的行業發光發熱，而且這股力量還在持續長大。

我好像聽到那個熟悉的爽朗笑聲，我猜人在 Ogilvy Heaven 的 Terence 肯定在那邊暗爽，這份對行業的自尊得以後繼有人，有人可以幫助我們完成那個未竟的天空之城。

73 | 全聯先生三十週年紀念

許多人很好奇全聯先生是怎麼來的，認為他是個精心規劃的代言人行銷範例，真正的答案其實是誤打誤撞然後摸著石頭過河到現在的機緣巧合。

2006 年是奧美第一年做全聯，第一支片《找不到》沒有主要角色，由張恆泰導演拍攝拿下時報全場大獎。羅景壬導演在第二支片《豪華旗艦店》時加入，我們需要一個類似主持人的角色介紹賣場，試鏡了超過五十位演員還找不到合適人選，藍月電影的監製白歷袁白姊突發奇想提議：「你們覺得 Ralf 怎麼樣？」本名邱彥翔的 Ralf 是我們的共同朋友，爆料一下，當時他正逢失業低潮躲在金山學人家出租衝浪板當教練。我覺得他好像可以但又不是那麼確定，情義相挺的成分居多吧，決定硬著頭皮推他來拍拍廣告賺點錢。沒想到，不只順利通過客戶那關，幽默有趣的腳本，經過羅導巧妙的橋段設定，加上 Ralf 天生憨厚又帶點傻氣的微妙喜感，影片竟一砲而紅，開始有人叫他「全聯先生」，人生從谷底反彈。

發想第二年的創意時，並沒預設或者一定要沿用全聯先生，結果腳本出來是透過一系列的實驗向消費者證明「便宜一樣有好貨」，同樣需要一位主持人，全聯先生於是再度登台，這一砲，

又更紅了，第三年的《國民省錢運動》就是不能沒有他而量身打造的本子了。此後，奧美的創意＋羅景壬的執導＋邱彥翔的演出，讓以全聯先生為代表的全聯廣告成為一種好笑的保證，好像我們跟觀眾的一種約定，只要聽到那個聲音燁燁的開場白「全聯福利中心……」趕快衝到螢幕前，30秒之後這個傢伙一定會讓你不爭氣地嘴角上揚甚至笑到噴飯、歪腰。

現任總經理蔡篤昌和行銷協理劉鴻徵的新團隊接手掌舵時，我原本一度擔心全聯先生會不會「失寵」，沒想到內行的他們反而更加擁抱這個屬於全聯長期累積的品牌資產，除了廣告片，舉凡店頭製作物、社群影音內容、公關活動處處可見他的身影。

當初基於情義的無心插柳，出乎意料造就了屬於全聯、奧美、羅導和邱彥翔本人的代表作，走紅十六年的全聯先生應該早已成為台灣廣告史上最長壽的品牌代言人。雖說所有的成功經驗都不該也無法被複製，雖說要持續推陳出新、提升笑點難度越來越高，雖說世事總是難料、計畫永遠趕不上變化，我仍然浪漫地盼望 2036 年的某一天，全聯廣告還是由那句人們耳熟能詳的「全聯福利中心……」開場，年過花甲的全聯先生依舊西裝筆挺現身，到時的我看了，應該不只會笑，還會流下老淚吧！

74 | 做久了，就是你的

許多人說我是奧美寶寶，不管待在奧美，或者做廣告創意這件事，都是從一而終，一晃眼二十年就過去了。

500 輯優人物專訪時記者問我從小文案做到創意長二十年的心得，我的答案是「做久了，就是你的。」「不是坐喔，是 DO 的意思。」我補充。我非常喜歡時間的概念，等待、**醞釀**或維持都需要時間，時間的累積很迷人，充滿美感，時間是寶貴的，雖然有點殘酷，但它卻永遠是公平的。

我遇過許多比我聰明、有天分的年輕創意，他們想得很多，想試試這個，想看看那個，不順心、遇到瓶頸、太安逸、疲乏了或者有新機會來敲門，什麼都還沒學成，什麼都沒做出來，就離開了。比較笨的我，選擇留在原位，是奧美，也是廣告創意的工作，不能說完全沒有想東想西，但大部分的時間就是做，案子、作品、知識、經驗和團隊一點一滴地累積，某天回頭一看，才發現竟然做出那麼多東西，而且紮紮實實都是我的，誰也搶不走。

另一個心得是像阿力為鮮茶道做的顏振發師傅《永遠的新鮮人》裡頭說的「把每一天，都當作第一天。」差不多就是二十年如一日的意思，保持新鮮、延續熱情，其實沒別的，還是為了幫助時間能累積下去。

有句鼓勵購物消費的勸敗文:「錢沒有不見,它只是變成你喜歡的樣子。」我覺得超有道理,既然時間就是金錢,說成「時間沒有不見,它會變成你努力之後的樣子。」好像也很不賴。

叛逆

George Lois、Lee Clow和孫大偉都有的DNA，讓人一輩子活在青春期。

75 「這樣不好吧？」嗯～就是它了！

跟別人講 idea 的時候，只要聽到「這樣不好吧？」這個關鍵字，或者不要不要之類的 worry 反應，我就會很興奮，決定偏要幹下去。不是我任性、反骨（好啦，當然也有一點），而是讓人害怕、不安的想法往往比較刺激，那裡頭有創意需要的張力和話題性。另外，人們之所以擔心或恐懼是因為未知，也因為不敢去做所以還沒人做過，這些都代表只要你做出來，很可能就是與眾不同的第一個。

多年前某屆廣告節活動在新北市政府盛大舉辦，每家廣告公司都要準備一個「非廣告」表演進行競賽，Daniel 李景宏是那年廣告協會的理事長，他下達軍令給剛升 ACD 就被指派這個工作的我，一定要把冠軍留在奧美。我的 idea 是致敬泰國福特貨卡《大金剛篇》，由猩猩和蕉農聯手推薦台灣蕉，拜託大家一起用行動幫忙解決當時香蕉生產過剩的問題，結尾的高潮是把一千根香蕉從台上往台下丟，那時間點剛好下午茶肚子正餓，來賓們一定會瘋狂搶食……「廣告節是正式場合這樣不好吧？」、「現場有很多政府官員 OK 嗎？」、「會不會有人踩到香蕉皮滑倒？」、「打到新北市長的頭怎麼辦？」同事們的集體憂慮，告訴我這是個好點子，我力排眾議說服團隊勇往直前，但我們必須多做一件事，

就是預先設想周全，確保這些可能的問題不會發生。最後，當一千根香蕉像下雨一樣落入觀眾席，學生、同業和官員全部站起身來你丟我撿、你爭我奪的超現實互動盛況，還有上千人一起吃香蕉的壯觀場面，讓我不負使命成功達成任務。

「說自己的缺點可以嗎？」、「交換靈魂的危險動作不怕被模仿嗎？」、「超人裝會有人想穿嗎？」、「真的要拍好兄弟嗎？」、「梅西倒在地上像話嗎？」……總之通關密語就是「這樣不好吧？」它的意思是「這樣就對了！」

76 | 勇敢向成功模式説不

別讓一時的「成功」，成為依循的「模式」。

雖然在很多領域、行業，這樣做確實很有用，但在廣告的世界、講求創意的地方，套用成功模式無疑就是自尋死路、自甘墮落、自暴自棄的危險行為。

複製某種成功，本身就缺乏原創性，更何況，那將扼殺其他更成功的無限可能。早年服務 GSK 伏冒的時候，澳洲市場的某支 TVC 獲得了空前的成功，客戶的亞太區於是依樣畫葫蘆發展出一個腳本 format：從感冒時與世界 Disconnected 到吃藥痊癒後重新 Reconnected，規定所有廣告片都必須遵守，只要挑選好主角的身分、職業套進去，big idea 就出來了。我們和不同國家的創意人員還一起集合到香港參加這套勝利方程式 kick off 的 workshop，做出澳洲那支片子的創意總監應邀前來分享創作要訣，他開頭卻跟所有人道歉，說自己不是為了今天的結果而創作這樣的影片，最後它變成一個大家要依循的成功模式，他覺得既荒謬又愚蠢……現場氣氛被這席話弄得尷尬無比，我在心中為他的勇氣熱烈鼓掌。沒錯，成功是無法複製的，通往目的地的其他路徑也不應該被限制。

不過，習作、演練還是乖乖按表操課進行了整整兩天，從 Disconnected 到 Reconnected 的模式也像聖經一樣被遵循了好幾年，直到確定它不會帶來成功為止。

77 為什麼別人的廣告比較好？因為你不敢呀！

全聯福利中心第一年的廣告《找不到》、《豪華旗艦店》和隔年的《便宜一樣有好貨》爆紅之後，對我造成不少困擾，有幾個客戶在我們提案完或交片後問我：「為什麼你幫全聯做的廣告比較好？」這個問題真的有夠狠，言下之意就是他認為我們現在提的案或交的片並不好。

在幾次不知如何是好與不好意思開口後，我終於忍不住給了某位客戶一個更狠的答案：「如果是你，敢說你的店面都找不到嗎？敢說你什麼都沒有、什麼都不好嗎？敢把網路上對你們產品或服務的質疑直接拿出來講嗎？」我忘了他回我什麼了，只記得現場氣氛十分尷尬。

全聯福利中心廣告的成功之處在「勇於與眾不同」，所有的廣告都在講品牌的優點，只有他們大談自己的缺點（當然切入後都能巧妙轉換成正面訴求）。一樣都是我做的，「為什麼別人的廣告比較好？」很明顯真正重要的原因是廣告背後有個品味過人、心胸開闊，而且比你勇敢的好客戶。

78 | 擁抱小數據

　　據說，大數據伴隨工業 4.0 快速發展，被廣泛應用在蒐集資料、分析行為需求、加速決策判斷、降低投資風險及成本、提高生產力與收益、優化客戶體驗、改善生活品質、強化運動性能、增進金融及醫療發展……尤其是對於行銷領域無遠弗屆的影響，整個業界都在迎接大數據時代的來臨。

　　雖然我的許多廣告作品也受惠大數據加持，得以更精準且有效地發揮，但基於對數字和科技的天生腦殘，大數據始終還是讓我很恐懼。所以，我發明了小數據，在相對可控的範圍之內，存在我們身上的數據、或者資料，也可以說就是我們的小宇宙。小數據的內容涵蓋記憶、生活、情感、直覺、知識、信念、經驗和故事，若是能妥善地擷取、運用，相較於透過規模尋找共同性，獨特而深刻的個人體驗，絕對具備足夠能量激起見微知著的共鳴和同理效應，創造就像聖鬥士星矢「燃燒吧！我的小宇宙！」那樣巨大的爆發力。而且認真算起來，起碼截至此刻為止，小數據對我的幫助，依舊遠遠勝過大數據。

　　迎接大數據，千萬也別忘了擁抱小數據。

79 別被社群沖昏頭，去接觸真的人

　　我現在沒有 LINE，也沒 WeChat，鮮少上 Facebook，幾乎不用 Instagram。說起來有點故意，想要享受某種孤僻和清靜，有人提醒我不要小看或錯過社群的力量，我想問的是，社群真有那麼大的影響力嗎？

　　在我還算活躍於臉書的年代，曾經因為一個「廁所門」的陳年細故，發文不小心介入了第九屆立法委員選戰。那段某位候選人不願告訴尿急的我廁所在哪的往事，打破我個人臉書史上按讚、留言、分享最多的紀錄，也引來覺醒青年對我群起攻之「我沒想到你是這種人」、「對你太失望了」、「這樣會讓ＸＸＸ當選的」……幾乎就要淹沒我的版面和私訊，後來對手候選人陣營未經同意引用了我的 PO 文，我一怒之下又發了一篇把那位前立委痛罵一頓，原本攻擊我的人紛紛轉向「抱歉，誤會你了」、「好樣的」、「我就知道你不是這種人」……還有人稱讚「真是神操作，逆轉勝！」風波終於平息，我莫名其妙安全下車。

　　前後大概一周左右的時間，我的世界紛擾動盪，我被搞得心煩意亂，這絕對是我親身經歷過最大的社群事件了。後來有機會跟朋友聊起此事，才赫然發現，原來，幾乎沒人知道！那些我以為的聲量，只不過是朋友圈、同溫層、演算法和心理放大作用編

織而成的假象，在裡頭激烈攻防的我們這一小撮鄉民、網友，都像傻瓜一樣被社群沖昏了頭。

不要過分相信所謂的社群效應，對於那些批評不用太在意，讚美也不必太走心，因為它可能遠比你以為的更少數、更渺小，甚至根本微不足道。去接觸真實的世界，或者至少是真正值得你去關心、在乎的人。

80 ｜ 我們正一起走在去死的路上？

　　Scott Galloway 教授在 2016 年一場名為「DEATH OF THE ADVERTISING INDUSTRIAL COMPLEX」的演講中，提出網路社群帶來消費者購買決策過程的根本性改變、新媒體開始提供付費甚至免費關閉廣告功能的服務、快速消費品產業廣告投資量前十名的品牌生意成長普遍大幅低於所屬產業類別的平均值、企業開始將行銷預算轉往電商發展及店頭體驗⋯⋯等證據，宣判廣告的死刑，我們這群人也因此成為並肩走在死路上的同伴。

　　我反覆觀看 26 分鐘的演講內容，在這幾年我們依然為客戶創造的成功案例，也在曾經聽過讀過大師的真知灼見裡尋找答案，經過冷靜的思考辯證，天生的樂觀基因加上不服輸的臭脾氣作祟，我想舉手說：「我不同意！」

　　Galloway 說的都是關於訊息、媒體、技術、品質、價格、口碑、體驗、接觸時機⋯⋯那些很左腦的事情，與右腦相關的認同、喜愛、夢、偏心、大理想、黑魔法、情緒、非你不可⋯⋯卻隻字未提。有次和 Eugene 吃飯時他跟我說他有四個孩子，老大是律師，老二是醫生，老三在廣告公司實習，我問他：「那他以後要做廣告嗎？」他回：「可能不會吧，因為他說廣告很無聊，你們廣告公司在做的，都是會被 AI 取代的事情。」我們都笑了，因為某種

程度上這真是有點苦澀卻難以反駁的事實。而 Galloway 說的那些，就是「會被 AI 取代」的廣告，注重理性的邏輯演算，追求快速、大量，有效地複製成功先例；而不是感性的情緒反應，經營深度、質感，勇敢地跳脫既有框架。我們應該創造的是跟消費者右腦溝通的廣告，用我們在爆炸信息、複雜媒體環境、數字與技術導向和生意成長壓力下正逐漸退化的右腦去思考，而不是把心力放在有朝一日會被 AI 取代的工作上，就像 Eugene 接著說的：「這就是為什麼我們應該創造更多觸動人心的 campaign ！」

　　IPA（The Institute Practitioners in Advertising）廣告從業人協會的研究證明獲得廣告獎肯定的好的廣告擁有 11 倍的銷售力（最新的數據更來到 16 倍），那麼 Galloway 口中那些無所不用其極在各種渠道投下鉅額廣告預算卻無法帶來相應成長的大品牌們，到底出了什麼問題？或許不是廣告無效，而是廣告不好！廣告不會死掉，會死掉的是爛廣告，那是我們不斷在消費者周遭製造的垃圾，那是 AI 就能做出來的東西。

　　Galloway 自己也說，他曾在 2015 年初時預言過 Amazon 的衰退、滅亡，結果非但不是如此，Amazon 在不被看好的困境中找到突破之道，從電商龍頭蛻變成虛實整合的物聯網中樞，創辦人 Jeff Bezos 更因為股價飆漲而成為全球首富，調侃自己也有看走眼的時候。重點是走在去死的路上，你能不能搞清楚問題到底在哪裡，改變路徑，找到生存之道。

　　借用 contenTable 為宇宙人做的專輯命名《右腦 RIGHT

NOW》，正是我們此刻唯一的逃生出口！廣告應該是以創意為核心價值的產業，我們用右腦與右腦對話，讓人笑、讓人哭，我們撫慰人心，讓人感到溫暖療癒，我們是大娛樂家，也是思想、觀點的啟發者。

我想約你一起重新打開快要生鏽的右腦，用以下的關鍵字提醒自己，從我們手中創作出來的東西必須有的樣子，指引我們朝正確的方向邁進，它們分別是：

CAMPAIGN
這裡說的不是包山包海、規模，而是足以被稱為 CAMPAIGN 的重量。

MEANING
像余光中的詩、羅大佑的歌、侯孝賢的電影那樣，具有雋永的意義。

CULTURE
"We are not making advertisements. We are making cultures."

感動
胸口噗通噗通跳，起雞皮疙瘩，眼眶濕濕的。

與社會對話

跟所有的創作者一樣，說故事是為了與社會對話，而我們的工具是廣告。

那是我們做的

你敢承認嗎？又或者你想大聲宣告！這個騙不了人。

　　我們正一起走在去死的路上？我想任性、反骨地往我覺得真正行得通的，或者說真正應該走的正路上前去，即使仍是死路一條，我想，也走得轟轟烈烈。

　　（本文是偷懶抄錄我在《觀點》的文章）

反省

記得抽空回頭看看自己，還是不是自己喜歡的樣子。

81 │ 你是誰，看你的創意就知道了

我剛入行時，公司裡有兩種創意人，一種是穿得很怎麼樣，前衛龐克好像搖滾巨星，或者潮流有型不輸時尚模特的「視覺系創意」，另一種則是穿得不怎麼樣，跟我一樣……普通的創意。

物以類聚似乎真有其事，我、阿明、阿俊和 CD 宗希武小武哥這一掛，總是非常有默契地牛仔褲配 T-shirt，了不起 Polo 衫或襯衫，就跟大學生差不多的很沒什麼。記得有次我們去提案還被客戶嫌棄「可以請你們下次穿得像創意一點嗎？」像創意一點是怎樣？我立刻把目光投向當時的老闆，創意部的大頭目 ECD 杜致成身上。老杜穿什麼？他穿得更單調無趣，彷彿創意世界的賈伯斯，萬年不變，每天都是一個樣，白色或米色的長袖襯衫紮在中藍牛仔褲裡，咖啡色的皮帶上繫著經久使用而泛著光澤的皮製腰包，腳踩一雙黑色高筒工作靴……如果我們像大學生，他大概了不起就是大我們幾屆的助教學長吧！

有天中午吃飯時我跟老杜聊到幾個很會穿的同事，還有「怎樣穿才能更像創意一點？」他告訴我創意的世界是這樣的，不管你穿怎樣，掛什麼 title，如何裝逼作勢、搞怪擺譜，會說話還是不會說話……你是誰，一旦你拿出你的創意擺在桌上就知道了，一目瞭然、清清楚楚，半點也騙不了人。他說「好好做個實力派的創意人吧！」這個忠告，我一直謹記在心。

82 | 自作孽不可活

　　我遇過的好創意都有一個共通特質，就是固執，很難……或者絕不妥協。因為妥協很簡單，卻是要付出代價的，那個代價可能會讓你痛不欲生、生不如死。

　　你給了客戶他要（而你不喜歡）的，你接受了你不認同的修改，你屈就時間、預算而縮減了執行規模或品質……這些會讓人們認為你不是個難搞的創意，或者你真是個上道的創意，而你自己也可能因此而舒服個一時半晌。但麻煩的在後面，你提的爛點子通過了，代表你得花更多時間執行令你無感甚至作嘔的爛東西，你依然必須認真努力，雖然明知認真努力也沒有意義，你會眼睜睜目送親手做出的爛廣告上檔、出街而不願承認與它有關，你恨不得找個洞鑽，期待噩夢趕快結束，卻沒想到一播就是好幾年，甚至因為網路、雲端而永世流傳，陰魂不散地成為你最害怕的恐怖片。

　　當然我也曾經做過這樣的蠢事，不要心存僥倖，人們就是會知道那是你的大作。有次某個爛廣告播出之後竟然得到不錯的迴響（但這並無法改變它爛的事實），消息靈通的動腦雜誌記者打來請我聊聊創作過程，「嗯……」因為感到丟臉、羞愧得無地自容，一時之間不知所措的我最後一個字也沒說就像鴕鳥把頭埋進沙裡一樣乾脆把電話掛了。

83 | 太認真就輸了

不認真絕不會贏，但太過認真卻可能會輸。

「太認真就輸了。」是我好兄弟林宗緯的名言金句之一，這裡的「認真」說的不是過程的努力、講究而是對結果的在意，這裡的「輸」指的不是真的失敗而是心態、感受上的挫折、沮喪。

2012 年全聯福利中心《我的夢想》campaign，在深坑店前面的大草坪搭設像白宮一樣的講台，找來一百個素人上去演說「你會用在全聯省下的錢實現什麼夢想？」我們從被剪輯出來的六十位中挑選了四十位上片，他們的夢想渺小卻很偉大，足以成為 30 秒的 TVC，向全世界大聲宣告。

原本計畫分兩波，二十支、二十支上片，後來因為董事長認為四十支數量實在太大，會讓人們以為全聯砸很多錢拍廣告，擔心社會觀感不佳，所以縮減規模只上第一波的二十支。這是可以討論的假設，某種程度上也是合理的決策，但突如其來的晴天霹靂卻讓我的心情從雲端跌落谷底。當時因為生了場怪病正在住院的羅景壬導演傳訊息問我，為什麼他在醫院一直轉台想找我們合作的廣告卻好像很多人都不見了，我跟他說明了原委，他跟我一樣失望甚至感到難過，因為這些可愛的小人物願意站上舞台勇敢地說出也許微不足道的夢想，我們覺得自己有責任要盡所能讓他

們被看到、被聽見。

　　那個下午我無法工作，一個人跑去公司樓下的公園，靜靜地坐在長椅上消化情緒，同時思考要如何面對這個木已成舟的事實。「這明明就是全聯的廣告、客戶的品牌，為什麼到頭來最痛、最苦、被傷害最深的卻是我和羅導？」答案全怪我們這些搞創作的，太認真了！「太認真就輸了。」我的腦中浮現 Terence 的話語和聲音。而事實上願意一次讓二十位素人的廣告上片，就相對而言已經是有情懷也夠大氣了，全聯始終還是令人尊敬的好客戶。

　　從此之後，我總是提醒自己要認真想、認真做創意，但面對不可控的結果，千萬不要太認真，雖然有點困難卻必須如此，誰叫我不喜歡輸的感覺。

84 │ 沒有爛客戶，
　　　 只有不會做的爛創意

創意不好怎麼辦？最簡單的，就是推給客戶。

我聽過太多創意人跟我抱怨客戶不好或者手上服務的品牌缺乏創意空間，這當然是很可能的事，但更多的時候，是自己做出爛廣告或者沒有好作品的藉口。

我記得我做遠傳易付卡廣告的時候，想了二十幾支腳本終於賣過突擊消費者獻唱量身創作主題歌曲的有趣點子，我們去遠企大樓面聖提給徐旭東先生，一邊講一邊自彈自唱好不容易拍板後，卻在進入執行準備拍攝前被客戶翻案，說希望把重點放在商品利益點而非歌頌消費者。所剩的時間無多，本來想放棄就照客戶要的給他，拍過電影《莎莎嘉嘉站起來》的導演 Maisy 說不管怎樣我們還是要堅持做對得起自己的東西，也許可以試試用王家衛電影角色獨白的方式融入商品利益點，拍出一種情調……我們兩晚沒睡重做腳本，客戶買單後拍出系列三支影片。上片那星期我接到時任智威湯遜副執行創意總監董家慶的電話，董哥說沒什麼事，只是想認識我，然後以一個曾經做過遠傳易付卡、知道這個客戶一點也不容易對付的創意身分跟我說「幹得好！」真的很激勵人心，後來這個作品還拿了時報廣告金像獎。

跟我合作多年的資深創意總監吳至倫倫哥常說，我們這組大

中小隊經常被分到別人眼中「難搞」客戶，但他覺得很有挑戰性
也更有成就感的是，我們就是有本事搞定它，然後把它變成「得
獎」客戶。有一年 Eugene 來台灣放了剛完成的旁氏男士控油洗
面乳 TVC 給我們看，一位裸上身的健美猛男來到餐廳的情人雅
座前，伸手抹起男子臉上出的油把自己的大肌肉擦得光亮，很難
相信這支笑翻全場的得獎作品竟然是聯合利華的廣告，創意是新
加坡奧美的 CCO 法國人 Nicolas Courant，這到底是怎麼辦到的？
Eugene 說面對難搞的客戶最好的辦法，就是派最好的創意上。

　　所以到底是客戶爛，還是創意爛？我們自己知道答案。

85 ｜ 創意無限，有所不為

不是說創意無限，那有什麼不能的嗎？有。有些母湯，就是母湯。

除了最基本的不作假，舉凡政治、宗教、種族、性別和特定敏感議題都是我們不准碰也不許做的。請注意，廣告創意並非個人創作，這是客戶的品牌，你必須對它負責，盡全力保護它，不讓它遭受任何可能的傷害。有專業素養和道德良知的代理商或創意人，絕對無法容忍自己親手將熱愛的客戶品牌推向險境。

全聯福利中心的中元節 campaign《謝謝你讓好事發生》請來這塊土地上不同年代背景的好兄弟（姊妹）現身說法向參與普渡的台灣人民表達感謝，有日據時期受日本教育的母女、外省來台落地生根的退伍老兵……原本溫暖善良的美意，卻因為其中講台語的知識青年 Allen Chen 被影射是白色恐怖受害者陳文成先生而引發軒然大波，一夕之間走鐘變調，當時許多媒體報導（攻擊）、網路討論（批評）說這是奧美的「神操作」。我所敬重的資深廣告前輩黃文博老師受訪時一語道破「一個專業、正派的廣告公司，怎麼可能去做傷害自己客戶品牌的事？」身為這個創意的發想者，我想我是最有資格或者最清楚真相可以證明並沒有這件事的人，簡單說，很抱歉在此之前我連陳文成是誰都不知道，以及全聯是

我一手打造、服務十幾年的品牌，我應該比誰都珍惜、愛護它。

　　事件延燒的過程中，我甚至收到臉書的陌生訊息，說謝謝我做了勇敢而正確的事情，讓更多人知道關於陳博士的歷史，要我堅持下去……我從沒這個意思，當然也不敢掠美，只回說「不好意思，我根本不認識陳文成。」總之，Allen Chen 不是陳文成，我也不是什麼覺醒青年、民主鬥士，我只是一個有專業素養、道德良知，知道創意無限但有所不為的創意人。

86 ｜ 客戶在說，你有沒有在聽？

　　辛苦好一陣子生出的創意，就像你小孩一樣，你覺得它好棒、可愛極了，所以你無法理解、面對有人不喜歡或不接受它，你就像小孩一樣，摀住雙耳，連為什麼都聽不進去。

　　這是許多創意人的通病、心魔，但在這行就得明白不管你多努力，客戶永遠都有說不的權利，而且許多時候他才是真正知道自己品牌需要什麼的那個人不是嗎？成熟懂事一點，認真聽聽看客戶為什麼不要，或者要的是什麼，能幫助你修正原本的提案，甚至打掉重練找到更好的答案。

　　2020 年全聯中元節的提案是我們歷經前年陳文成冤案後的捲土重來，花費大量時間力氣卻因為過度小心謹慎，把「如何讓新世代認識台灣傳統鬼怪」的獨特策略，演繹成年輕人誤入一個象徵中元普渡的派對，在裡頭遇到各式各樣不同鬼怪，那種有點可想而知的腳本。客戶的面無表情說明了他們對這創意沒啥感覺，「也許可以修修看」是基於交情和禮貌的客套話，這一趴聽聽就好。重點從何不各言爾志的抒發開始，我跟著豎起耳朵，公關經理欒美雲說：「我覺得今天的提案超商感很重。」意思可能是它和坊間模仿全聯在中元搞鬼的跟風廣告差不多，我們隨著自己起舞並無推陳出新。行銷協理同時也是我敬重的劉鴻徵學長翻譯解

釋：「我們的中元廣告好像應該是要帶有某種文化與情懷⋯⋯」

　　會議的結論是修提，我們卻決定要重提，三天內帶回全新的idea：在豐盛的供桌前擺上兩把台式塑膠紅頭椅，代表新世代的年輕人與擁有千百年歷練的資深鬼怪坐下來，利用普渡相逢的片刻時光，展開跨越陰陽時空的世紀對談。在命名為《#很高興認識你》的系列中，渴望愛情的女孩與紅衣女子談青春、喜歡、幸福和社群網路，衝浪初心者與水鬼談抓交替、浪、做人做事和勇敢，迷惘大學生與魔神仔談蕉李梨、幽默、友誼和存在感。不僅如此，對談的形式也從影片被延伸成十五隻鬼怪用各自的社群帳號與網友互動尬聊整個農曆七月的真心相伴。關於文化與情懷的提醒，我們都聽見並答題了，最後交織出比廣告還要多一點什麼的詩意。

　　我不否認，許多很棒的創意都是被客戶殺掉的，但就像《#很高興認識你》，更多偉大的創意是因為客戶的拒絕才得以誕生。重點是，你願不願意用心傾聽客戶真正的問題，或者，打破砂鍋把它問出來。

87 | We Are What We Do

我剛升 ECD 時，戒不掉之前當文案、CD 一貫的大炮性格，經常對公司的某些政策或現狀表達不滿與抗議。某次大老闆 Daniel 提醒我：「你的角色已經不是員工了，你是公司的經營者之一，你該做的不是抱怨，而是想方設法把這裡變成你認為對的、好的、你想要的樣子。」一語驚醒夢中人，也讓我延伸思考，關於大環境的發展和新時代的走向，我們似乎總覺得事與願違、時不我予，我們習慣用憂慮、困惑、質疑甚至憤怒去反應，而忘了也許我們才是造成這一切的人，以及改變的鑰匙根本就在自己手上。

我想說的是，我們是做行銷、做廣告的人，所謂的行銷趨勢，或者人們如何看待廣告這個行業，其實就是我們這些人幹了什麼好事，不是嗎？不要閃躲，我們每個人都責無旁貸。

撰
文

俗稱的文案，英文是COPYWRITER，現在流行叫WRITER。

88 廣告文案不是文學

　　都是寫左岸咖啡的文案害的，這些前輩是劉繼武、吳心怡和卓聖能，因為寫得太好、太美，讓人們誤以為，廣告文案能和文學相提並論。

　　因為左岸的廣告，我曾被一位學校老師邀請去課堂分享，她希望講題是「廣告中的文學」，結果我一上台放出 PPT 的第一頁卻是「廣告不是文學」。

　　廣告不是文學，無論就目的、篇幅、價值、高度來說都沾不上邊，沒有廣告文案曾經獲選或可能拿到諾貝爾文學獎，這件事永遠不會發生，倒是 Bob Dylan 的歌詞得過。所謂廣告的文學性，充其量只是在百分之兩百的商業意圖下，為了娛樂觀眾所做的精緻而動人的偽裝，也許說是「文藝腔」還比較貼切。

　　廣告文案必須符合品牌與產品訊息、表現調性、消費者偏好和秒數篇幅等種種限制，那是非常細膩、講究而嚴謹的創作技術，而且過程中還要忍受老闆和客戶的一改再改。雖然 copywriter 也是 writer，但如果你是抱著要當作家、寫出文學經典的理想，我會勸你去寫小說、詩甚至歌詞，千萬不要來寫廣告文案，那會讓你痛不欲生。相反的，你有機會拿最佳文案獎，就算 Bob Dylan、海明威、馬奎斯、辛波絲卡或村上春樹來寫也不一定拿得到，因為廣告文案，也真的不是那麼好寫，所以請好好寫。

89 | 只有文案，才能寫出文案

文案是種內容，那是廣告創意裡頭的文字。

文案是種身分，那是廣告公司裡頭的職位。

「文案撰寫著文案」聽起來像什麼都沒說的廢話。但如果你對這種內容和這種身分，有一定程度的理解和尊敬，這句話就生長出了意義。文案撰寫著文案，只有堪稱文案的人，能寫出足以被視為文案的東西。而我一直希望這樣的尊敬，不只來自看廣告的人，想做廣告的人，更應該來自廣告人，尤其是文案本人。

文案是一種力量嗎？或者說文案有沒有力量？那就看，你有多嚴肅看待你的工作了。

90 │ 一直寫一直寫一直寫

　　2000 年底我加入奧美，沒事幹一個多月之後寫的第一篇文案是平面促銷訊息，大概一百五十字我寫了三個多小時，拿給我的老闆、啟蒙導師兼廣告娘親，人稱丸子的 ACD 朱玲瑢看。入行前得過金犢獎，學校作業也常被老師誇獎，習慣性等待被稱讚的我，在她皺起眉頭不發一語反覆觀看空氣凝結五分鐘後，得到文案生涯的第一句評語劈頭就是「你寫得很爛耶！」

　　我終於知道，沒有人天生就會寫文案，也沒有人有義務先鼓勵你「還不錯喔！」再告訴你哪裡錯了。接下來的半年，我就過著天天被罵，文案被紅筆像改小學生作業那樣畫來畫去，重寫重寫再重寫的悲慘日子。寫了四、五遍好不容易通過後，丸子會從抽屜拿出一張她的文案叫我給 ART，一開始我有點不爽，但想想才恍然大悟，師父兼娘親其實早就寫好了，直接用多省事，卻願意花時間、力氣看我寫的大便，一字一句教我、罵我，不知要枉死幾千幾萬個細胞，真的是用心良苦。於是，我非常乖順地受教，一改再改，一直寫一直寫一直寫……心裡想著我要寫得更好，我要寫到讓丸子的細胞少死一些、皺眉紋可以變淡一點，我要寫到有一天她一個字也不想改。

　　就這樣，我越寫越好，好到連我自己都偷笑，終於有一天，

雖然她還是意思意思改了幾個字，但她的文案沒再出現，後來給ART 的都是我的版本。

　　如果覺得我的故事很勵志，文案大前輩劉繼武的左岸咖啡《車站篇》，短短三十幾個字，據說寫了超過五十個版本，才簡直是可歌可泣。無論如何，我對丸子充滿感激，她教會我太多太多事情，尤其是想寫好文案，就是一直寫一直寫一直寫⋯⋯

91 先求對，再求好

「寫得真好，但完全不對。」、「文字很美麗，可惜沒半點意義。」我在看文案寫的文案時，腦袋經常浮現這些句子，好啦，也是經常就直接脫口而出了。

許多文案會把力氣花在詞彙的特殊性、結構的對仗、押韻強迫症或者我敬謝不敏的諧音和雙關，好讓文字更優美、更有可看性，我只能說，根本完全搞錯重點。因為你在寫的是廣告，你有必須傳遞的訊息，我的建議是別急著求好心切，麻煩「先求對，再求好」。就像 Murphy 常掛在嘴邊的（多半是罵人時）「請講大白話」，先認真想清楚寫下一句最簡單、直白甚至完全沒有文采可言的「大白話」，然後再看看能不能把它改得更美、更好或者還可以怎麼換句話說。

你的文字能力應該用在精確地表達意義，如果想寫優美的文學作品，歡迎你去寫詩寫散文寫小說。Murphy 的文字總是淺顯易懂，通俗擱有力，但你可能不知道，原來他高中時期就得過聯合文學的短篇小說獎，愛寫大白話的他其實是不折不扣的真文青喔！

92 | 標題只有一句，我想貪心一點

　　平面的標題或者影片的最後那句話要怎麼寫？寫什麼？

　　有兩種寫法，第一種是寫 idea，去解釋或者說明創意，提點觀眾你做了什麼，你為何要這樣做。第二種是寫觀點，去表達品牌的主張，提出具有啟發性的精神、態度或價值觀。

　　下一個問題是，哪種寫法比較好？

　　兩種寫法都好，硬是要比的話，跟廣告訊息必須單一的道理完全不同，最好的寫法是兩種都要，解釋 idea 同時也表達觀點，追求最好的標題，就是要這麼貪心。

93 | Body Copy是文案精心設的局

在我文案啟蒙期的悲慘歲月，平均一張平面要反覆寫四到六次，真的算是吃得苦中苦。

國泰人壽的兩套系列平面稿是我第一次寫長文案，一套四張加起來等於八張，數學好一點的人大概已經算出我總共寫了多少版本。寫到第二輪左右進入明顯撞牆期，我又愛又怕的丸子說不然她來寫，那還得了，我立馬舉手要她放心我可以。不放心的她，為了指點迷津，死馬當活馬醫丟了一本《如何激發成功創意》在我桌上，她要我先不要寫，看看人家是怎麼「佈局」的。由西尾忠久先生整理六、七〇年代福斯金龜車七十多則經典廣告集結成書，除了「沒有任何一點足以顯示這是六二年的新VW，看起來仍然一模一樣。」、「看新車之前，先看看他們的舊車模樣。」、「三年以後，售價最低的車子最值錢。」這些讓人一眼著迷的標題，更厲害的是每一篇廣告的內文Body Copy，都讓人充滿往下讀完的興趣，並且在過程中牢牢記住車廠想告訴你的事。

重點就是「佈局」，用一句引人入勝的標題引你進入內文，第一句會承接標題，然後下一句又會緊緊扣住上一句，起、承、轉、合，帶你尋找答案、進入高潮、得到娛樂甚至啟發，每一句都不是亂寫的廢話，都有它被設計的作用和意義。打通任督二脈、

功力大增的我，還是被丸子刁了三、四輪，最後用快三個月的時間寫完這兩套作品，精雕細琢的佈局讓我獲得生涯第一座時報廣告金像獎。

這本失傳的武功秘笈早已絕版，當年另一位文案同事 Joy 殺到出版社挖出埋在倉庫裡的最後五本，在下有幸獲得到其中一本，我不藏私，每每碰到有文案後浪遇上不知如何撰寫長文案 Body Copy 的亂流，我就會複印一本丟到他桌上說：「看看人家是怎麼佈局的。」

94 | 小心雙關，討厭諧音

很多文案喜歡用雙關和諧音，我會勸你不要。

語帶雙關常讓人覺得有智慧，用在廣告卻不適合。原因是廣告講求訊息精準，你的雙關想讓人讀到裡頭哪一關？或者哪關為主？哪關為輔？會不會搞錯重點？這些都很難掌控。

有個例外是廣告協會曾以「什麼是廣告？」為題，邀請每間廣告公司做一則平面稿，孫大偉學長在汎太國際也出了一張，畫面是非常台灣的省道街景，電線桿上貼著基督教的標語「神愛世人」，右下角是標題：「廣告，客戶是神。」因為是協會的廣告，觀者應該清楚主要的意思：這個電線桿上的標語就是廣告，而它的客戶是神。然後在行業打滾或略有涉獵的人也不會不懂裡頭帶有諷刺意味的弦外之音：在廣告的世界客戶是神，他們說了算。這是極少數我接受且佩服的雙關撰文。

諧音則是風趣、或者有點冷笑話式的小聰明，而我絕不會拿它來做廣告。不是因為它往往比較 low，一開始我也不明就裡，只覺得似乎不妥，後來聽 Murphy 說才懂：「諧音哏，不會得國際獎。」意思是，建構在某種語言才成立的 idea，並非訴諸普世的人性洞察，自然也無法跨越國界。

不喜歡不代表我不會，在廣告工作之外，我甚至還算擅長。奧美集團董事總經理 Lu 呂豐餘，有人叫他 Lu Sir（Loser），曾在重要會議中被我的來電打斷，我問出來接聽的他：「誰是奧美最負心的男人？」Lu 居然認真想了五分鐘後回撥給我抖出兩位同事（此處保密），我說都不是，他好奇：「那是誰？」「就是你呀！」我公布答案，「我？」「因為負心男 Lu（復興南路）呀。」「看>*&%#@~」印象中那是他唯一一次飆罵我髒話然後直接掛電話。不過後來他的社群帳號，倒是笑納自稱「復興男 Lu」，可見諧音、雙關的意思，真是各取所需、難以捉模，高興就好。

95 | 寫給消費者的情書

很久以前我的女朋友曾經抱怨過，人稱金牌文案的我，為什麼都沒有寫東西給她？情書、卡片、紙條都好，沒有就是沒有，反倒是一天到晚寫了一大堆，通通給了消費者。

這當然很不可取，現在我也知道自己錯了，但當時百口莫辯、內疚又羞愧的我，腦中竟執迷不悟冒出這樣的念頭：「對了！我應該把那些寫給消費者的東西，關於廣告的、文案的，當成情書一樣認真去寫！」這個想法改變了我的文案生涯，帶我進入另一個境界，我開始想像消費者是自己追求的對象，思考她在意什麼、喜歡什麼，該用怎樣的口氣、語調跟她說話，要怎麼逗她笑，如何才能感動她，期待她給的回應，然後再進一步向她表白……

我們每天寫文案，那是我們的工作，但我們有像寫情書那麼認真嗎？相信我，如果有，你會進階為有情感、有溫度、有魅力的頂尖文案。

我要謝謝她，提醒我把廣告文案當成寫給消費者的情書，當然還有不要忘了像寫文案一樣認真地寫情書給自己喜歡的人。

96 | 演員的自我修養

　　身為一個文案，我常頭痛要怎麼寫自己買不起的高級汽車，沒住過的豪宅與頂級酒店，不敢碰的炸雞烤雞滴雞精，羨慕卻未曾擁有的親子生活，或者退休甚至往生後的種種體悟。梅爾・吉勃遜在電影《男人百分百 What Women Want》中飾演的男性廣告創意人，為了瞭解女人在想什麼，無所不用其極地嘗試除腿毛、穿絲襪甚至使用衛生棉條，真的十分傳神。

　　文案演很大，我們跟演員其實沒兩樣，只是我們用手中的筆和文字在演戲。人物、角色、個性、時代、背景、關係、風格、語氣，你會遇到各式各樣與你生命經歷截然不同的挑戰，而你要做的就是「入戲」，千里之外寫得宛如親臨現場，戀愛魯蛇寫得好像兩性專家、情場老手，堂堂男子漢寫得彷彿大姨媽真的每個月都來，天生對酒精過敏寫得以為在蘇格蘭酒廠出生長大……

　　想要演什麼像什麼，對外你必須找資料、做功課，透過大量的觀察、閱讀、搜尋甚至田調，盡可能汲取相關知識。對內則是要挖掘自我，試著找出本身經驗、特質中與題材連結的地方，哪怕只是一小點，放大它、延伸它或轉化它。然後就是不斷地感受、揣摩、排練、演繹、修正，直到你的（文字）演出可以說服人、打動人。

為了成為一流文案，我下定決心要精進演技。我的偶像周星馳在他最經典的半自傳電影《喜劇之王》中每天夜裡在床上讀的那本斯坦尼斯拉夫斯基《演員自我修養》，廈門辦公室的文案大春特地買了只在大陸有出的簡體版送我，既是致敬我們的共同喜好，也是文案的自我修養。

97 | 好文案前面不用加資深，就是寫好文案

　　有些創意人，特別是年輕一輩的很在意 title 這件事，創意工作的職位很簡單不像業務 AE、SAE、AM、AAD、AD、GAD、BD、VP、GM、MD……令人目不暇給、眼花撩亂，尤其文案 COPYWRITER 往往看著同期的業務夥伴連升三四五級自己卻還在原地踏步，難免會比較、會心急，「起碼先升個 SENIOR COPYWRITER 吧？」這樣的呼聲或者迷思四起，奧美的創意部卻反其道而行在 2021 年正式取消了資深文案的頭銜，並且把 COPYWRITER 改成無所不寫的 WRITER，理由正是為了突顯好文案無可取代的價值，讓他們對這個最簡單卻也最不簡單的 title 感到驕傲。

　　你是一個怎樣的文案？看你寫了什麼文案就知道，跟前面有沒有加 SENIOR 半點關係也沒有。好的文案會讓你被看見、被喜愛、被尊敬，而且不用你四處張揚，自然有人會知道。《The Copy Book》一書收羅了全球三十二位頂尖 WRITER 的故事和他們撰寫的經典文案供世人膜拜，我的前老闆 Eugene Cheong 被譽為世界前十名的英文文案，他為經濟學人雜誌撰寫的平面文案，被當時還在世的大衛奧格威親筆寫信讚美並道賀。

　　我很景仰的前輩陳桂枝從香港到北京奧美擔任 ECD 時因為

看到我在台灣寫的 Mercedes-Benz R-Class 文案說想認識我，「每個女人都想上我的車，但我把位子留給家人了。」我還請 ART 故意把換行做在第一個「我」之後⋯⋯這個標題還被大陸某廣告社群媒體評為汽車華文金句。《全聯經濟美學》拿過許多文案獎，有人說裡頭金句連發，我喜歡在課堂或演講播放，觀察人們的反應和喜好，其中當時還是文案的創意總監許力心寫的「養成好習慣很重要，我習慣去糖去冰去全聯。」總會讓人噗呲一笑，阿力不只超會寫，還特愛喝手搖茶，這句我自問寫不出來，不過輪到「知道一生一定要去的二十個地方之後，我決定先去全聯。」時就是直接笑出聲音了，這一句正是小弟我寫的。

　　從沒當過 SENIOR COPYWRITER 的我現在名片上 title 是集團創意長／文案 CHIEF CREATIVE OFFICER ／ WRITER，我以身為文案為榮，我寫好文案，我是好文案，前面不用加資深。

到現在我還記得大二修「電視原理與製作」拍的第一支作品《領悟》完成播映時，
身上起雞皮疙瘩（不是掉滿地）的感覺。

98 | 做好廣告影片的關鍵是⋯⋯時間

　　廣告影片的特性是什麼？這樣問，大部分人會搶答聲光電、動態的視覺，或者可以搭配聲效音樂旁白、傳遞更多的訊息和情感，但真正的答案其實是「時間」。

　　我也是在工作幾年後，阿桂和 Murphy 不約而同分享來自某個廣告大師（抱歉我真的忘了是誰）的見解，才搞懂這點。影片擁有一定的時間，5 秒、15 秒、30 秒、60 秒、90 秒、3 分鐘或更長，時間是流動的，從第一秒到最後一秒，創作者可以決定觀看者閱聽的過程，「如何安排這個過程」就成為好與壞的關鍵。

　　把一支 CF 當成一齣戲劇來演，透過時間和過程的醞釀，營造一個高潮，揭露訊息，然後收尾。道理很簡單，沒有人會在電影一開場，或是連續劇第一集，就告訴觀眾結局是什麼。幸運的是，我知道這件事之前就還算是個「會做影片廣告」的創意，我想原因在於我愛說故事，而起承轉合、埋哏、賣關子本來就是說故事的不二法門。

　　所以我非常害怕，也可以說感冒，有些品牌規定 Logo 或商品必須在 TVC 的前六秒內出現，坦白說我覺得很蠢，Logo 或商品必須在最適合或最高潮的時點出現，而不是規定時間。

　　雖然覺得沒必要舉例，看看經典、得獎的廣告片，幾乎全是

依循這個時間法則，但還是忍不住說說拿下坎城金獅的 AXE LYNX 體香噴霧《Because You Never Know When》：清晨的陽光灑進房間，男女在床上醒來，開始一路從樓梯、門口、街道、馬路、碼頭、公園、紅綠燈到鬧區，穿起他們的內衣、褲子、衣服、襪子和鞋子，最後回到前晚彼此一眼瞬間看對眼、天雷勾動地火的超市生鮮貨架前，結語是「因為你永遠不知道什麼時候會遇到。」所以記得事先噴香香……這故事要是倒過來說，那個創意鐵定會被我轟出房間。

99 | 監拍的時候，
想像「如果我是導演……」

　　廣告創意花大把時間在片場監拍，那監拍時到底要幹嘛？

　　許多人坐在「客戶區」，用筆電處理公事、看雜誌、吃零食都算好的，也有聊天談心的，太大聲還被制止，或者因為客戶上身、主觀偏好在那邊無謂地要求場景陳設、畫面layout、演員髮型、產品角度等根本就是妨礙拍攝公務的行徑……都不是去監拍應該做的事。

　　我的習慣是，把自己當導演。不是說三道四搶當老大去干涉導演，片場有片場倫理，導演最大，既然任務交給他，就請完全尊重。我指的是透過 monitor 去觀察、檢視、紀錄並設想，如果我是導演，這顆鏡頭拍成這樣達到目的了嗎？有沒有不足之處？還要嘗試什麼可能性？如果我是導演，鏡頭與鏡頭之間該如何串接？能不能順暢、完整地連結、組合？會不會缺少什麼？要不要補個備用角度、尺寸？如果我是導演，想用什麼音樂或節奏去說故事？這跟目前的拍攝方式吻合嗎？如果我是導演，哪些重點因為太忙太累太多事被我不小心忽略了？我跟廣告創意要前往的地方是否一致？沒走偏吧？

　　一旦這樣換位思考，監拍就會變得非常有聊。在心中訓練自己做一個導演，不是跟導演 PK，而是讓自己成為導演拍攝時的提

醒者或後盾，在某些導演視野沒有覺察或注意的盲點，適時提出有用而關鍵的建議，其實，也是在保護自己的作品。

我的第一位 partner 黃維俊，監片時會用手機翻拍 monitor 裡的畫面，在拍攝結束前，現場剪接出一個超 A copy，看看好不好？哪邊要加強？有任何疏漏嗎？……這是我尊稱他為「阿俊師」的其中一個理由。

IOO | 你對配樂應該要很有意見

　　十個創意人有十一個喜歡聽音樂，多的那個是其中有一位聽了兩人份，還有許多創意人甚至自己創作音樂、玩樂團。但是不知道為什麼，大部分的創意人最後都把音樂「交給導演決定」，甚至還有人把決定權給了客戶。

　　你愛音樂，你懂音樂，你有你的音樂品味，最重要的是，這是你的創意、你的腳本、你的故事，你比誰都知道應該要配什麼樣的音樂。

　　你的創意就是這樣了，片子拍出來也就這樣了，但是相信我，配上不一樣的音樂結果絕對不只是這樣。電影《曼哈頓戀習曲Begin Again》中，同是音樂人的男女主角漫步在夜晚的紐約街頭，透過「音源分享線」交換彼此的音樂清單，Dan 對 Gretta 說：「這就是我為什麼喜歡音樂，即使一個最平凡的景象，剎那間也都意義豐富了起來。」的確如此，導演用巧妙的手法像做實驗一樣證明了這件事——音樂的魔力，觀眾眼前是相同的一幅景物、畫面，隨著耳中音樂的轉換，不管從這首到那曲、從快拍到慢板、從平靜到激昂、從搖滾到爵士……都會神奇地變得完全不同而美麗。

　　好的配樂能帶你上天堂，不好的配樂甚至可能帶你下地獄。所以拜託，你應該對配樂很有意見，你可以在發想創意的時候就

準備好參考音樂，你可以堅持和導演選擇不一樣的音樂版本，你可以要求導演「還有沒有更好的音樂選擇？」你可以自己去找你認為適合的音樂，你可以動手把不同的音樂配上去試試看，甚至你可以 brief 朋友就著畫面用鋼琴幫你重新彈奏，你可以勇敢告訴客戶他決定的音樂是個錯誤……這些我都做過的事，因為你的創意最後配上什麼音樂，真的很重要。

IOI | 最適合的對象，是最愛你的那個人

　　別懷疑，這是創意工作心得報告，不是戀愛關係交戰守則。我要說的是，最適合合作的對象，是最愛你創意的那個人。

　　一件作品的誕生，通常不是廣告公司的一個創意人或一組創意 team 就能獨力完成的，我們需要外部不同專業的合作對象，可能是導演、攝影師、插畫家、設計師、工程師、策展人、藝術家、音樂人……找到那個最適合的人，幾乎是創意執行成敗與否至關重要的環節。

　　但這題真的不容易，尤其面臨「對與對」的抉擇時更是難上加難。許多創意靠著打探名聲、看作品集、介紹牽線、熟悉度或習慣性甚至單憑感覺就想要找到那個 Mr. 或 Mrs. Right，結果往往事與願違，不如去擲筊還好一點。我也曾一度為此所苦，後來我想起剛入行的時候，每次要找導演拍片，我的老闆都會約兩三個以上不同的人選見面聊，說法是想聽聽他們對腳本的理解和感受，有什麼想法或 treatment，其實是要看看氣味合不合、頻率對不對，或者，誰最愛我們的創意。我決定如法炮製，見面聊、找真愛，事情遠比想像中簡單，他愛不愛、有多愛，他的眼神、表情、話語、動作都會清楚告訴你，一目瞭然，藏也藏不住。然後請相信我，愛會點燃熱情讓他把所有的時間、心力都給你，愛會

激發潛能讓他變成超級賽亞人。

　　《UNI-FORM 無限制服》在找設計師時，原本幾乎談定了一位各方面條件都很棒、也很喜歡這個計畫的人選，後來有位設計師因為人不在台灣所以回覆晚了，但他傳的訊息是「我超愛，我想做。」我們相見歡，我在他眼睛裡看到滿滿的愛，當下決定非他莫屬。他就是大名鼎鼎的 ANGUS CHIANG，我們遇到的天使，他為 UNI-FORM 精心設計了不只一套而是一整個系列的制服，幾度陪我們去板中對校長、學生會提案，一手包辦打版、製作、定裝到生產，情商到優秀的時尚攝影師、導演參與型錄和主題片拍攝，出席發表記者會，還親自籌劃在台北時裝周登場的 Playground 大秀，而這一切分文未取。。

　　另一個例子是我執導十五影展《跳舞吧 牧牧》時，合作的剪接師淳馨不是我選的，而是波谷製作安排的，在她開始動工前我們見了面，除了談腳本、順素材，我把從前置到拍攝過程中遇到所有不可思議的神蹟鉅細靡遺地告訴她，「我覺得一定是有一位創意之神想要我們好好地說出這個故事，現在這個重責大任就交到你手上了。」我一邊說，一邊看到她的眼裡充滿愛，我把她變成那個最適合的人，最後她剪出了神一般的完成品。

IO2 ｜ 老天爺給的，就是最好的天氣

　　以前的我和大部分創意人一樣，每次拍片前都在擔心天氣，「請不要下雨」、「拜託出太陽」緊張到連覺都睡不好，結果越在意，反而越容易事與願違。

　　這樣的「拍片日天氣情結」一直到我看了紀錄攝影大師李屏賓的電影《乘著光影旅行》才終於放下。片中他談及與大導演侯孝賢合作的經驗，那是拍攝《童年往事》一場眷村場景的戲，搭景、演員和檔期的限制讓他們只能安排兩個拍攝日，原本晴天的設定偏偏遇上颱風攪局，當所有人在煩惱甚至開始預備重拍方案時，侯導卻說：「就拍呀，老天爺給什麼天氣我們就拍什麼，這麼大的風雨你發再多水車和風扇還做不出來……」結果那場戲成為電影中最經典的一幕。後來李大師跟導演姜文合作時，在戈壁沙漠只有一週的拍攝計畫卻不巧遇上沙塵暴，「老天爺給什麼我們就拍什麼」他用這個經驗說服導演照拍，一樣拍出了更有意境的畫面。

　　從此之後，我就豁然開朗了。後來自己當導演在北京拍片，一場男主角在荒涼公路上追著初戀女友離開時坐的黑頭車奔跑的戲，腳本設定是夕陽斜射把路面染得金黃，我們特別連夜開拔到北邊的張家口要把清晨當黃昏拍，據說那裡一年下雨不超過十

天。大夥在車上休息等天亮時，車頂突然傳來霹哩啪拉的巨響，我問製片怎麼了，他說「下冰雹了」。冰雹變成雨繼續下，他們說可以等等看，應該有機會出太陽，但下了兩小時沒變小而且後面還有滿滿的拍攝 rundown，我問攝影師山哥胡適山，這樣的天候條件機器能作業嗎？他說沒問題，我就很帥地說：「老天爺給什麼我們就拍什麼，拍吧！」最後改以灰茫蕭瑟的雨中跑步追車作為影片的結尾，感覺竟意外地完勝當初的設定。

　　我再也不擔心天氣了，因為老天爺會準備最適合的天候條件給我。但說也奇怪，之後我當導演拍片，就常常遇到下雨，甚至懷疑自己成為劇組避之唯恐不及的「雨神」。〈第二人生〉MV中 Ralf 的裸奔得在攝氏不到十度的大雨下進行，〈成名在望〉裡八個樂團的行走和月台集結大合唱通通在淒風苦雨中完成，不過這些天氣都像禮物一樣為影片的情調加分。小男孩樂團的〈事過境遷〉第一場戲在大屯山一樣下著雨，還起大霧到連要拍攝的湖都看不見了，好在準備開機時老天爺給了一道光，不偏不倚打在男女主角的臉上，連燈光師都說自己打不出這種光。

　　放心吧！不管晴天、陰天還是雨天，老天爺給的，一定都是好天。

IO3 | 上帝寫的腳本

　　發展影片創意的方法，除了自己創造故事，很多時候「真實故事改編」也是不錯的途徑，而且往往會有出乎意料的感動和效果。

　　我一直以來的老闆，台灣奧美首席創意顧問胡湘雲絕對是這方面的大師，大眾銀行《母親的勇氣》和《夢騎士》都是改編自真人真事的經典作品。我一直很好奇真實故事為何經常能打敗虛構故事，除了可能是「真」所伴隨而來的意外反差會將戲劇性和情感放大，湘雲的說法給了令我最臣服的解答：「因為這是上帝寫的腳本。」創意想都想不到。

　　真是太完美的註腳，如果創意發想是一種在既有元素之間搭橋的連結術，那麼只要能夠找出我們要解決的問題或要傳遞的主張與這些故事之間的關聯性，再加入敘事、文案、美術的專業和技巧去拋光優化，天啊，我們豈不是就可以與上帝攜手創作了嗎？

IO4 | 影片不死

　　回顧二十多年的從業生涯，前幾年的工作內容幾乎不離所謂的傳統廣告，包括影片、平面、廣播和 OOH，其中影片的比重甚至一度超過百分之八十，倫哥和阿力還算過本組竟連續兩年都拍了超過五十支廣告片，要說我每天都在想本、拍片也不誇張。近年來因為網路、社群的發展，媒體生態、消費模式的改變，電商的興起，大數據、AI 甚至現在當紅的（也是令我特別反胃的）元宇宙、NFT 一波一波的科技演進，傳播的形式、工具、方法、介面不斷推陳出新、多元繁衍……事到如今我工作中影片的成分，大概只剩百分之四十不到，而且持續遞減中。

　　有時我會聽到業務同仁在背後說「怎麼又是影片？」、「某某創意難道只會想影片……」、「為什麼老愛用影片答題？」、「影片已經過時了！」聽久了，連創意自己都快覺得提影片 idea 好像有點不好意思。我也發現，新一代的創意人因為養成的關係，普遍欠缺做好一支影片所需的技能、經驗，還有最重要的企圖心，這一切都讓我覺得憂心和可惜。

　　當然我並不排斥、甚至非常擁抱新型態的廣告，這些年也持續創造出許多人們口中富有實驗性的作品，但我必須說，我最鍾愛的廣告創作始終還是影片。作為最經典、最具代表性的廣告類

型，影片跨越時間、展現美麗迷人的視覺、承載訊息和意義、創造無法言喻的感動，影片反映文化和價值觀、探討當代的議題，影片能影響人心、激勵社會，影片裡有愛、溫暖和希望，影片是說好故事的一切基礎。

那些懷疑影片能解決問題的人，是因為沒見識過好影片的神奇魔力。那些嫌創意老是提影片的人，並不知道創作一支好片子有多難，那可能是關於創意的最高標準。

當社群影音內容的量大到某種程度時，原本劣幣驅逐良幣的亂象正在反轉，影片的質將再度成為未來成敗的關鍵。嶄新的投放媒介與製作技術把影片變長了、立體了、互動了，有了更多令人期待的可能性。而廣告和娛樂之間越來越模糊的界線，造就出品牌娛樂的新顯學，也為影片創意找到另類出路。坎城國際創意節依舊堅持把重中之重的 Film Lions 影片類別放在最後一天壓軸，以及，不管你做了再厲害的 campaign、project，最後你還是得乖乖做一支 case film 報 影片。這些都說明，影片是不會死的，就像我相信廣告不死一樣，最起碼在我心裡不會死，我會一直想、不停做影片的作品，埋首寫腳本、跟導演熱烈討論、認真跟拍監片、

用心看剪接後期……畢竟當年我之所以會來做廣告，就是想做影片呀！

　　前一陣子湘雲跟我說，有時候我們應該叛逆、反骨一點，當全世界都在追求影片以外的東西，我們偏偏就是要做影片，那才帥吧！而且想這麼多，會不會其實很簡單，只要一支好影片就能解決了。我深表贊同，也想起我的好友、人稱平面王的陳自強 CK Tan 有次喝酒時聊到他對平面廣告的熱愛與相信，為了證明平面的力量，幫朋友創立的馬來西亞本土貓食品牌規劃傳播時，他任性地只做了四張稿子，依照春夏秋冬四季輪流更換刊登在當地的四面戶外看板上，就這樣兩年八張平面，好的平面，讓他們成為銷售第一的領導品牌，是不是真的好帥？

105 | Film Your Case

　　曾幾何時，case film 成為創意工作中十分吃重的部分，雖然嚴格說起來，它其實是創作本身之外的東西。不管有沒有本末倒置，用一支兩分鐘以內的好片子，讓人們理解並且喜歡上你做的案子，絕對有其必要。

　　記得一開始我們做得十分吃力，經常被老外嫌棄「你們的創意不錯，可惜故事說得不好。」、「這個 case 很棒，但 case film 很糟。」不服輸的我跟倫哥痛下決心，誓言要加倍認真學習精進，有朝一日把我們的弱點變成強項。除了大量觀摩國際獎優秀案例，閱讀參賽影片整理要訣的經驗分享，還跑去上如何打造成功報獎帶的課程，但最重要的當然是實作，用很高的標準自我要求，一支一支去做，從中鍛鍊、檢討並尋求成長。我們越做越好看，終於在有一次 4A 創意獎評審時，某位國際評審忍不住跑來問：「你們家的 case film 都是發給誰剪的？」他想認識一下，之後也可以發過去，我跟他說不好意思是我們自己做的，他十分驚訝。回公司後我告訴倫哥，我們好像真的做到了！

在此列出我們結晶的 tips：

1. 搞清楚 case film 是給評審看的

2. 準備一個好的課題

3. 思考從策略到創意的邏輯論述（必要時修改或重寫原本的 brief）

4. 起承轉合好好說故事

5. 基於事實但允許適度美化

6. 嚴禁刻意、浮誇、矯情（明眼人會不舒服）

7. 找出最適當的 result（有沒有呼應、解決課題？）

8. 善用媒體報導或社群評論幫作品說話

9. 好的開頭＋好的結尾

10. 可以短就不要長（我還聽過得獎原因是 case film 夠短的玩笑話）

11. 音樂很重要，字型很重要，配音員很重要（甚至會以為是另一支片子）

12. 越早起跑越好（不妨試試想 idea 時就開始）

13. 永無止盡地修改

提案

「為確保idea不受干擾完好傳達，開講後全程禁用手機、筆電、平板等通訊設備。」
想把這句放在deck第一頁……

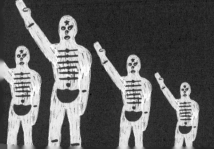

IO6 ｜ 只有你能保護你的創意

　　我還是文案時做過一套奧美的形象廣告，系列三張，畫面是跟人一樣大、代表創意的燈泡被兇惡的歹徒殘殺，綁在廢墟的椅子上淋汽油正要點火、在碼頭邊捆著沉重鐵球一起丟入大海、壓制在伐木工廠的輸送帶推向鋒利輪鋸，標題是「殺掉大創意，就是犯罪。」創意誕生之路充滿危險，的確有必要好好保護。

　　然而丸子跟我說過一句話：「只有你能保護你的創意。」我至今深信不疑。業務不會、策略不會，你 partner 不會、老闆不會，他們或許有想過，但真正的關鍵時刻只剩你會全心全意、在所不惜地保護你的創意，因為它是你親生的骨肉。

　　大師級的紐約麥迪遜大道廣告狂人 George Lois 曾在摩天高樓的會議室抱著稿子打開窗爬上去，以死要脅客戶不買單就跳下去（我猜應該是強調決心的玩笑之舉），最後成功守住了 idea。

　　保護創意最好的方法，就是提案。這也是丸子教我的，提案的前一天她會把自己關在房間，用鋼筆一字一句手寫明日的講稿，開場白、洞察與策略的創意轉譯、如何進入腳本、故事的玄外之音、每一路之間怎麼銜接、重點回顧、非買不可的原因、結語……那些 deck 裡沒有寫到的東西，然後 rehearsal 試講一遍。我依樣學樣，相同的準備動作一做再做，日復一日，至少千遍以上，

如果有人覺得我還算會提案，都要歸功於這個好習慣，相信我，
它對 idea 充滿保護力。

107 | 不是讓別人喜歡，
是讓別人知道你為什麼喜歡

　　可能是想像力的問題吧，許多腳本提案通過時都沒問題，拍出來實際看到才覺得很有問題。多喝水《角色交流協會》的片子就是這樣，一對夫妻在無人的高架橋上快速奔跑對撞、長老與少年相視坐在巨型地球儀內不停旋轉、雙胞胎環抱彼此從山坡翻滾下來，「做自己太無聊？」他們執行傳說中的靈魂互換儀式……業務同仁一看就說完蛋了，又是不良示範，之前有支為了要多喝水用吹風機把舌頭吹乾的片子，因為有小學生模仿，家長怒告品牌造成許多紛擾，一朝被蛇咬，「客戶很可能考慮不上片」他們要求創意想好明天交片時的說詞。

　　說詞，或者是話術，真的不是我的強項，我想起看完片羅導告訴我他很希望可以順利 on air，還說了他之所以喜歡的幾個點。於是我坐在位子上，花了一個下午的時間思考「我到底為什麼喜歡這三支影片？」把原因一一記下，對我來說這是個奇妙的提案準備經驗，以前都是在想「如何讓客戶喜歡？」倒是從來沒好好想過自己喜歡的理由。

　　隔天南下沙鹿交片時，客戶果然提出了質疑和憂慮，「不過我真的很喜歡這套影片！」我開始逐條報告前一天記下的喜歡原因，還有羅導喜歡的那些點，並提醒如果擔心可以上警語喔，我

無法拍胸脯保證絕對沒風險，但我們可以一起承擔、控管，這麼好的片子如果沒能讓人看見，不是太可惜了嗎？最後客戶只修改了幾個比較爭議的強烈字眼就順利上片了。

　　從此我知道最好的話術其實很簡單，說說看，你為什麼喜歡？

108 | 一個idea我們只賣三次？

奧美有個不成文慣例，一個 idea 沒提過，我們會給它三次機會賣給客戶（有些公司是一次），最後才放棄。我一直覺得奇怪，要是真心喜歡的 idea，別說三次，三千次我都不想放棄。

大樂透的經典廣告《曉玲嫁給我吧》是我前 partner Jimmy 王俊源的大作，他說他真心感謝當時的創意總監卓聖能 Door，這點子第一次就被否決，但中間每一次，卓都把它裝進提案袋帶去找機會就拿出來，客戶甚至還拜託：「可不可以不要再拿這個出來了？」但創意團隊不死心，最後對高層上報通過的兩案時，大老闆龍心不悅，卓見機不可失又拿出來，將近二十次吧，終於賣過了台灣彩券史上最棒的廣告。

我也曾提案七八次沒過，最後再試一次一直帶著的腳本，沒想到就成了，那是 Motorola V3i 的《史密斯夫婦篇》，後來陳宏一導演把它拍得真好。Murphy 說過「不管客戶要什麼你都提這個，最後他沒辦法也只能選這個。」球在我們手上，聽來像耍賴，其實是擇善固執。

最後還是沒賣過呢？那就留著明年、後年、大後年……來日方長有機會都記得拿出來，還可以每年稍事修改讓它與時俱進變得更好。全聯福利中心的《中元節 RIP》歷經三年，從一支看不

見主角好兄弟的腳本，演變成看得見和看不見不同播帶版本，加上按 RIP 會活見鬼的互動影片。《全聯時尚潮包》也從年輕人拿著購物袋擺拍、走秀，多年後進化為用塑膠袋手工製作各式包款的整合營銷體驗。經過時間醞釀，媒體、技術還有自身的進步會創造更好的執行條件，你會發現，還好當年沒賣過，以及，還好有再賣一次、再賣一次、再賣一次……

109 | 有自信點，他不笑並不代表不好笑

提案時如果聽的人有善意回應，比方說點頭、微笑、附和甚至流下眼淚，會讓你越講越順、越演越好。相反的，面無表情、撲克臉甚至連正眼也不瞧你一下，大部分的講者都會心虛、退縮最後整個熄火冷掉。

在意聽者反饋是自然的事，但千萬別被影響太多。記得有次在統一提泡麵的腳本，三路都是好玩的故事，我很興奮地從第一支講起，坐在我對面三名客戶正中間那位像木頭人一樣，臉上沒有任何情緒，我有點緊張地進入第二支，他開始低下頭去懶得看我，聲音都變小了的我硬著頭皮用力講完第三支，他沒再抬頭跟我有任何眼神交會，我心想完蛋了，客戶鐵定不喜歡。會議告一段落我們跟客人一起享用午餐便當，吃著吃著怪事發生了，他突然跟我說：「你剛剛的提案實在太好笑了，害我憋得好辛苦，最後沒辦法只好把頭低下去，都不敢看你，要是笑出來我一定會被部長釘死。」哇勒，原來客戶有內規，聽代理商提案時絕不能把好惡喜怒表現在臉上，對他們來說這是某種專業。「早說嘛～下次我就知道，你不笑並不代表不好笑。」我就是做自己，很有自信地把自己真心覺得棒的點子介紹給客戶就對了。

除了給自己信心，還有一招，其他參與提案的人，沒說話的

時候也請記得幫忙點頭、附和或者笑出聲，協助提案者建立自信，人人有責。

IIO | 請勿創造現實扭曲力場

　　曾經有位客戶在交 B copy 時才跟我們說其實他並不喜歡這個腳本，他會買的原因是我們在提案時創造了「現實扭曲力場」，大概可以解釋成我們的熱情、煽動、話術和拍胸脯保證，產生了足以改變意志、決定的強大能量，讓他彷彿被催眠或中邪一樣，白話文就是我們太會賣。

　　很多創意以為要很會賣才算會提案，這個以為完全錯誤。早年奧美的公司守則中明文規定創意只須負責「說明」idea，業務才是負責賣掉它。所以提案的時候真的不要太賣力，我的意思是不要太用力賣，真正好的提案，是恰如其分地把 idea 忠實說明清楚，讓客戶自己去思考判斷，心甘情願覺得好而買單，並且共同承擔可能的變數和風險。

　　我曾遇過幾次，好啦，應該是經常遇到，交片的時候被客戶質問「為什麼跟你當初演的不一樣？」並不是導演沒拍好，而是我提案時演得太好，給了客戶錯誤的、過度的期待。我的前老闆 Rich 薛瑞昌是我看過最會演的創意（但我保證他為人絕對誠懇實在，只是天生戲精而已），有次我們一起南下統一提柳橙汁的腳本，為了表現品牌用的是最沉、最重充滿水分的優質柳橙，Rich 化身果樹上的松鼠表演精挑細選鎖定目標後認真地啃食果蒂，咬

斷的瞬間柳橙落下，沒想到枝幹強大的反作用力卻將松鼠彈飛出去，驚呆的牠一路經過藍天、大氣層直達外太空……又是在會議結束後的便當午餐時間，客人們開始擔心詢問，松鼠的部分要怎麼執行才能確保有剛剛提案時的效果？實拍嗎？用卡通動畫的方式嗎？還是透過 3D 建模？最後客戶決定「啊！還是 Rich 你來演那隻松鼠好了！」從那天起我就告訴自己，真的，別把演技當成提案技巧。

III | 提案基本禮儀須知

　　我真心希望聽提案的客戶能明白，坐在你對面的提案者為了準備今天的內容花費了多大心力，可能想了超過三十個點子，可能反覆練習不只八次，可能頭頂又長出好幾根白髮，可能肝指數飆到歷史新高，可能錯過與女友的週年紀念，可能無法參加小孩的家長日……而其中某個你將聽到的 idea，可能幫助你的品牌創造銷售奇蹟，可能拿到坎城的金獅獎，可能感動並鼓舞包括你在內的許多人心，甚至可能從此改變世界。所以我只拜託一件事，請認真、專注並耐心地觀賞我們這場表演好嗎？畢竟你也是花錢買票進場的。

　　我曾經遇過客戶一進會議室就說：「快點，我只有十分鐘。」既然如此，我就快轉用八分鐘講了六支腳本給他聽，當然，提案沒有通過。也有不少客戶可能真的太忙，或者 CPU 效能比較強，喜歡同一時間多工作業，例如回 email、傳簡訊甚至講手機，某次去大陸提案 Derrick 說到一半「這次我們為品牌規劃了一系列全媒……」董仔突然接起重要電話作勢要他暫停，幾分鐘掛斷後示意繼續，他竟然神奇地直接從斷句接上「……體橫跨一、二、三線城市的整合傳播營銷。」如果客戶因為別的事分心了、交頭接耳聊開了，我會停下來創造一段空白，直到他發現全場變得很安

靜原來是在等他回來，提案才會再往下。還有最近比較累的客戶會閉目養神，我建議不妨很有禮貌地請他起床，跟他說聲「辛苦了！加油！」某次有位總經理說他只是眼睛沒睜開，耳朵都有在聽，叫我說吧別管他，後來講到重點處他不但開口回應還幫忙做 recap，我才知道世間真有這種奇人異事。

　　科技日新月異，忘了從什麼時候開始，提案的時候坐在對面那一排人，經常桌上不是筆電就是平板、手機，他們視線分配的比重，讓我覺得螢幕應該比我本人好看⋯⋯為此我想了一個 idea，在提案的第一張 slide 放上類似電影開演或班機起飛前那段請勿使用電子通訊設備的警語，既是提醒客戶，也是保護創意，更是廣告公司重視自己提案內容的表態。

112 | 關於提案的 11 個 tips

1. 好的提案，是保護 idea 最好的方法

2. 抱著粉墨登場的心態

   你對每一次的提案都必須無比重視。像第一次約會，你會想，要穿什麼衣服，梳什麼髮型，用什麼語氣說話……你的腎上腺素會飆升，因為在意，你不只會演出正常，甚至會有超水準演出。

3. 別管銷售話術，思考真正核心的問題

   你為什麼這麼喜歡它？（這真的很重要）

   如果沒賣過會是因為？

   客戶為何一定要買它？

   ……

4. 設計一個好的比喻

   比喻是高級的表達技術，它能幫助人們理解你要說的事，讓你的硬道理變得柔軟可親且活靈活現。當然，比喻並不簡單，鮮少有人可以天外飛來一筆就信手捻出一個很好的比喻，所以，你必須設計，事前就準備好它。

5. 講出 deck 之外的東西

   deck 上的只是大綱、結晶，deck 之外還有更多你要說的東西。不要變成一個看著 deck、唸著 deck、被 deck 控制的讀稿機，

甚至最好能夠放下 deck，不然你的客戶不需要聽你提案，他看 deck 就好了。

6. 幫客戶建立挑選 idea 的標準

客戶腦袋裡通常有一個或數個挑選創意的條件，千奇百怪，如果照著走，提案結果有時會意外變成災難、或者悲劇收場。不妨試試，在提案的前段，就你的 idea 往回推，去導引客戶今天應該用什麼標準挑選創意，有點像挖個洞給他等一下跳入……這一招，往往很有用。

7. 別忘了 OPENING 和 ENDING

簡單說就是在創意之前來個導讀，之後再做個結論。也可以這樣比喻：把客人當愛人，做足前戲還有事後必須的愛撫、情話，好讓整個過程更令人滿足。

8. 準備好再上

寫稿／背稿／ rehearsal……不管你有多會提案都要做。

9. 你不愛它，誰愛它？拿出你的熱情和信心

要知道多數的客戶都是膽子比較小的物種，除了理性的論述，如果感受不到提案者強烈的喜愛和相信，他們是很難鼓起勇氣買單、跟你一起跳進去的。

10. 提久了就是你的

第一次提案跟第一百次提案甚至第一千次提案之後，你會發現經驗值這東西對想創意不一定有幫助，但對提案絕對有百分百的回饋。

11. **做自己，養成個人風格**

學習別人的同時，千萬不要忘記自我，好的壞的都可以保留。當提案的技巧和經驗，融合自然的說話方式、語氣、姿勢甚至口頭禪，一個真正有魅力的提案者就誕生了。

吉光

突如其來的靈感從天降臨，我伸手抓住片羽，得到幸運的領悟。

II3 | 比喻真是高級的表達技術呀！

　　Apple Macintosh《1984》的經典廣告把 IBM 比喻為用極權監控世界、洗腦統一思想的老大哥，而蘋果則是將推翻他的女鬥士。我喜歡的泰國草本牙膏 TVC，用種族歧視比喻以「色」取人的盲目。全聯福利中心則是把來全聯購物的行為，比喻成 5678 天天做就能省錢的《國民省錢運動》。

　　《世說新語》中謝安問：「白雪紛紛何所似？」兒謝朗：「撒鹽空中差可擬。」女謝道韞：「未若柳絮因風起。」兩人形狀、顏色甚至動態都兼顧，但柳絮、風起的想像與美感更勝一籌。一家人像這樣在日常中設題並切磋，會不會太有情調了？對「比喻」表意的重視，自古即可見一斑。

　　大學時關紹箕老師的「修辭學」是很受歡迎的一堂課，我也愛，而且認真上了，但現在還是覺得可惜不夠用功。我喜歡比喻式的廣告，讓人覺得特別聰明、巧妙，也喜歡說話的時候會用比喻法的人。

　　全聯第一年「實在 真便宜」成功後，客戶問當時是奧美副董事長的葉明桂：「那明年要做啥？」阿桂卻說了以前被帶去玩柏青哥的故事……忽然間音樂響起燈光閃爍開始掉鋼珠，他很緊張問：「現在怎麼辦？」友人說：「不要動，錢進來了！」所以明

年不要動，我們做跟今年一樣的。如此比喻「品牌必須累積」，不愧為策略之神。

劉鴻徵協理一度猶豫中元節影片要不要做「按下 RIP 看見好兄弟」的網路互動，當時還是文案的創意總監許力心一句「鹹酥雞沒加九層塔，可惜了」的比喻讓他拍板定案。

還有一個是我大學同班的二哥張恆泰導演，當年煞到一位新聞組學姊就拜託某學長去打探一下，結果學長就跟學姊在一起了，二哥說：「>*&%#@~ 這就是請你幫忙買便當，結果你把雞腿給吃了。」能這樣用比喻說話，真的好高級喔！

114 | 你不想，我想做廣告

　　我要謝謝「許老闆」。雖然我曾懷疑卻從沒真有過「不想幹了」的念頭，但他確實給了我能「繼續幹下去」的莫大鼓勵。

　　有幾年經常來我家做水電修繕的一位先生姓許，我都叫他許老闆。他漢草好，喜嚼檳榔，技術一流，負責有禮，有時會帶著輕微自閉症的可愛女兒前來工作。某個炎夏午後，使命必達的他正幫我拆除陽台的無用玻璃，看著他大粒汗小粒汗，我送上一瓶冰涼啤酒，開啟了我們之間的話匣子。他說一直很好奇我是做什麼的，我說廣告創意，再補一句「像全聯的廣告都是我做的」，「我知道，那個很有創意」他喝完最後一口繼續上工，結束了彼此的對話。

　　當晚十二點，我意外接到他的來電，說下午不好意思多聊，現在喝了點小酒，鼓起勇氣打給我：「其實我不只是水電工，晚上的時候我也是創意人，我一直有在創作，寫詩、寫散文。我常常在想如果我想的東西可以變成廣告該有多好……」然後他說歹勢打擾我，就先掛不說了。沒過多久他竟然又打來：「龔先生，我有兩個關於全聯的 idea 你想不想聽聽看？」他說了一個全民超市和一個復古風雜貨店（這幾年全聯商品部還真的做了）的概念，雖然不是當時全聯的方向，我答應他會找機會跟客戶分享，他說

真的抱歉耽誤我睡覺，就又掛了。沒想到還有第三通，他想確認也拜託我會把點子告訴客戶：「也許我和你可以像周杰倫和方文山一樣，為這個時代創造出一股潮流。」這句之後他說晚安，還保證不會再打來。

掛電話之後，我的感覺不是好笑，而是莫名的感動甚至興奮，幾乎讓我整夜都睡不著。當我面對每天工作中那些狗屁倒灶的事情，當我感到疲累、挫折、失望和無力，當我找不到方向、甚至想要就此放棄的同時，原來，有些人站在門外，他們是如此渴望走進廣告的世界卻不得其門而入，他們或許願意大聲地說出來、或許只是藏在內心的深處吶喊著：「我想做廣告……我想做廣告……我想……」我才發現自己何其幸運，我們正在做廣告。

那年，覺得力不從心的文案許力心跟我說「不想幹了」要離職，我只是跟她說了這個故事：「一樣都姓『許』，你在做的是他夢寐以求的事，就這樣輕易放棄好意思嗎？」阿力聽完當下就決定留下。是不是真的很勵志？

II5 | 你不 own，難道要讓給別人 own？

我們提案時經常被客戶來上這麼一個大哉問：「為什麼這個 idea 只有我們能 own？」除了極少數案例剛好有極具說服性的充分理由能證明非他莫屬，大部分的時候這一題都會把我考倒。

我一直苦思該如何回答，最後我決定這樣說：

我真的不知道為什麼耶，

我只知道你不講你就不能 own，

你先講了你就能 own，

你 own 了別人就不能 own，

所以就只有你能 own。

你不 own，難道要讓給別人 own？

是不是很有道理？

116 | 跟客戶當好朋友

　　我年輕的時候跟大部分的創意一樣，除了開會提案，非常不喜歡跟客戶打交道，我把這方面的事歸類為交際應酬，應該是業務才做的，甚至自命清高地以為要酷一點、擺出姿態、保持神祕感才像創意。

　　奧美搬到松仁路 90 號那年，孫大偉返校演講，離家自己開公司的他提到以前跟我有類似的愚蠢想法，後來才慢慢意識到，一路以來給他生意、創作機會、信任和執行支持的，正是他原本「敬而遠之」的客戶，而這些人最後都變成了他的好朋友。

　　大偉的分享讓我更明確理解當時自己身上正在發生的轉變，我莫名其妙地和客戶越走越近，生日、慶功、歡送、吃飯、唱歌、ㄎㄠ一杯、喝咖啡、傳訊息關心打氣或鬥嘴互虧、去彼此家中作客……然後我們一起做出更棒的創意。奧美 Global 提出三人共政，由業務、策略和創意共同產出好作品的觀念，我甚至建議改成四人共政，把客戶拉進來，因為作品好不好，客戶真的太重要了，有時根本就是最重要的，因為客戶不按鈕買單，再好的創意也只是一場空。

　　當我們從創意和客戶變成朋友和朋友的關係，我才能真正了解他，他的煩惱、擔心、期望、偏好和毛，而他也才會真正信任

我，這份相互的了解和信任，不就是做好廣告最重要的事嗎？

　　我期許我的客戶都能成為我的朋友，其中幾個最要好的朋友，大概是人稱通路與諧音鬼才的全聯福利中心行銷部協理劉鴻徵，擁有正港文青魂的 IKEA 宜家家居行銷總監程耀毅 Roxy，他們兩人還親上加親都是我的大學前後期學長，以及生性浪漫、人如其名像君子般溫文儒雅的味丹行銷協理洪君儒，而我生涯中做過大部分的好作品，絕對都跟他們脫不了關係。

117 | 願意開始教，就會有所學

　　做創意到一定的時間，一定要分享自己的知識和經驗。做人要懂回饋，把從前別人教你的，傳承給以後的新血。

　　可以演講、教書、寫東西，或者工作時的指導也都行。我自身的發現是，不管是不是真的準備好了，分享的時候，獲得最多的其實是自己。證據如下，我大概是從開始演講之後才開始得獎的，30歲回輔大廣告系教書那年做出代表性的作品，2015寫完《當創意遇見創意》隔年拿到台灣第一支 One Show 金鉛筆，還有在討論 idea 的時候，我習慣認真說明每個點子的好與壞、為什麼、如何改，有好多次說著說著我們就一起找到了大創意。

　　因為教別人怎麼做的同時，你會更明白自己在做什麼。我要去學校兼課前跟當時的董事總經理葉明桂報告，他跟我說：「我要替公司謝謝你。」我以為要謝我宣揚奧美國威，沒想到他指的是：「謝謝你跟年輕人接觸，保養你的腦袋，那是公司很重要的資產。」真是好有洞察見地。

　　分享與學習都是世上最美好的事情，竟然能一舉兩得。更美好的是，有天你教過的人，成為跟你一起工作的人，他們還會教你許多你想不到的事情。

118 | 盡力贏得比稿，輸了一樣很好

奧美集團的 CEO Daniel 李景宏接任董事總經理那年，曾創下比稿九連敗的慘烈紀錄，我當 CCO 的頭兩年也默默算過一共八個有我參與的比稿全數槓龜，這對號稱比稿常勝軍，老是愛用比稿成績自我評估體質、戰力的奧美來說，簡直是無法接受的事。

既然要比，當然想贏，廣告公司參與比稿時無不使出渾身解術，在有限的時間內壓縮所有資源、能量，瞬間釋放出絢爛的大爆炸，像發光的螢火蟲也像孔雀開屏的求偶本能，渴望讓客戶一眼愛上。可惜贏家永遠只有一家，用盡全力到頭卻迎來事與願違的失敗，該怎麼辦？

擁有豐富魯蛇經驗的我，悟出一個道理，我們原本對於比稿的看待，太過於單向、片面了。客戶與代理商的結合，應該是兩情相悅的過程，不只客戶，代理商也在尋找適合的對象，或者可以解釋成懂得欣賞、能看見彼此優點的夥伴。如此一來，我們可以把用盡全力、了無遺憾地展現自己最美好的樣子，當成是向坐在會議桌對面的客戶提出測試、考驗，他們有沒有眼光？品味好或差？是否與我們氣味相投？如果最終的答案是 NO，這個客戶自然就不是我們要服務的菜，這樣互相認識、發現的過程，不也是好事嗎？

絕非自我安慰，這個道理根本就是真理，撇開那些檯面下的
髒汙、潛規則、政治和偏見不說，客戶與代理商的夥伴關係本來
就應該是公平而對等的，可惜行業裡很多人並沒有體認到這一點。

119 | 剔除雜質，專注本質

有時候你以為是你在教別人，教著教著某一天，會突然變成別人來教你。

在為這本心得報告的內容備料時，創意總監阿力跟我說你可以寫「本質」和「雜質」，我一頭霧水問那是什麼，她說是某次她在工作上遇到麻煩難解的問題陷入低潮時，我告訴她的⋯⋯

「你為什麼要來做創意？」我問，她想了一下回：「我想創造好玩，有意義，能夠影響人、社會甚至世界的東西（感覺是抄襲我的）。」「嗯嗯，這個很棒，這就是你來這邊工作的本質，可現在困擾你的，或者你在 murmur 的那些人言、情緒、是非、不合理和政治小動作有的沒的，跟這個有關嗎？」我繼續問。「好像沒有。」她說，「那就對了，它們通通都是雜質，你不該把你許力心的心力，浪費在雜質上，你應該把它們剔除掉，專注在做創意的本質。」

⋯⋯她覺得十分受用，一直記到現在，我卻根本完全忘了自己說過這樣的話。我決定把它寫下來，一是沒想到我這麼會唬爛，二是聽一聽還真的蠻有道理的。

120 | 紅色巨獸奧格威龍的啟示

　　每逢農曆新年，奧美都會送員工一份禮物，其中我最珍愛的，是 2005 年 TB 為大中華區所有辦公室挑選的一隻紅色恐龍，由雕塑藝術家隋建國依照 1999 年創作的「中國製造 Made in China」紅色巨型恐龍，為奧美訂製的 17 公分等比例縮小限量版。

　　這份禮物其實是個警惕，告誡我們這隻越長越大的老字號紅色巨獸，在 21 世紀的科技時代，必須創新求變、與時俱進，不然就會像食古不化的笨重恐龍一樣，逃不過滅亡的命運，最後消失在地球表面，成為史前生物。我替牠取了個名字叫「奧格威龍」，慎重其事地珍藏起來。而那個小心別步上恐龍絕種後塵的比喻，也像暮鼓晨鐘被我謹記在心。

　　不得不佩服 TB 的遠見，不只是奧美，這十多年來，整個廣告產業都在日新月異的數位網路媒體環境中，進行生死存亡的困獸之鬥。說到巨型恐龍滅絕的原因，我之前的亞太區創意老闆 Eugene 曾經分享過一個 Greg McKeown 發表的，關於企業成長的明顯悖論，大意是一開始我們專注在清楚的目標所以能成功，成功之後我們變大並得到更多的選擇和機會，變大和這些選擇、機會讓我們分心，分心的我們漸漸忘掉一開始之所以成功的清楚目標……嗯，完全同意。

但我很懷疑，這樣的提醒到底有幾個人真的放在心上。就好像年代久遠的奧格威龍的意義，隨著奧美人的來來去去，似乎也慢慢被遺忘殆盡，很多人看到我房間的紅色恐龍還會問「那是什麼鬼？」我已經懶得解釋了。幾年前因為好奇心的驅使，上網搜尋發現這隻奧美限定的縮小版 Made in China 流落民間後，在對岸的拍賣平台竟然飆出人民幣一萬元的行情。我沒跟別人說，憑著印象繞行公司一圈，找到兩隻無主的奧格威龍，不知道是哪兩個不識貨的傢伙離職時懶得帶走，就由我來收養吧。

　　紅色巨獸奧格威龍的價值，還有牠所帶來的啟示背後的價值，很可惜，都沒什麼人當一回事。不過不要緊，我知道、我在意、我記得，我有三隻奧格威龍。

（本文是偷懶抄錄我和阿力共同出版的上一本書《迷物森林》）

121 ｜ 我害怕閱讀太多的創意人

對創意人來說，閱讀自然十分重要，否則湘雲不會為天下文化寫下令人尊敬的《我害怕閱讀的人》。我也害怕閱讀的人，但我更害怕閱讀太多的創意人，這裡的「害怕」有另一層意義，而「閱讀太多」指的是看了不必也不用看的廣告相關書籍。

飽覽群書的孫大偉學長也說過，要做好創意你應該多看書，古今中外各式各樣越雜越好，而且與廣告無關的書最好，如果真要看廣告書，最多十本，他還列出十本書單（可惜我忘了，向周遭前輩先進求教也查找不到），但重點不是哪十本而是數目，超過十本就 too much 了。

盡信書不如無書，就像忘掉武功秘笈，無招更勝有招。你只需閱讀兩隻手數得出來的廣告書，融會貫通基本心法，其他就是見招拆招、各憑造化本事了。拜託，千萬不要把自己變成我所害怕的讀了太多廣告教科書的學院風、理論派創意人。

《一個廣告人的自白》是老祖宗大衛奧格威寫的不得不推。《怎樣做廣告》由奧美榮譽出版，我少年時還在上面畫重點做筆記，看了就大概曉得怎樣做廣告。《不守規則的創意》Bob Gill 在大學時期幫我奠定了對創意自由、挑戰、不聽話的基礎信念。《創意妙招》薄薄一本標榜只要三十分鐘讓你學會做創意，本身就是

一個天大的廣告。《廣告大創意》向 Georg Lois 學推翻體制、煽動革命和使用神經毒氣。《如何激發成功創意》要謝謝西尾忠久先生整理六至七〇年代福斯金龜車七十多則經典廣告集結而成的絕版神書。《文案發燒》Luke Sullivan 用既幽默又感性的口吻帶我感同身受，搞懂自己原來在想什麼、做什麼……我盡力了，七本就好……啊不對，還有這一本《創意龔作心得報告》。

　　我害怕閱讀太多的創意人，但我身邊卻一直珍藏著包括《Advertising Principles and Practice》和《The Copy Book》等幾本大部頭原文廣告書……那是大學時期對孫大偉學長做的《MTV 好屌》廣告很感冒的恩師劉會梁教授的遺愛。退休後仍不甘寂寞的他，經常會來奧美樓下開玩笑要我請他吃飯，除了關心我和其他同學的近況，每次他都會送我一兩本他整理出來的書，說他現在用不到了，看看我用不用得到，那些泛黃、斑駁得有點年代感的書，都是認真用功的他在早期資訊取得不易時複印裝訂的克難版本。謝謝劉會梁老師一路的教導和愛護，所有的知識和心意，我都欣然收下並且一定好好留存。

122 | 左手持矛，右手拿盾。
WHY NOT？

　　我覺得自己真的很有創意，因為有信心的人比較容易想到點子，我又懷疑自己到底會不會做創意，因為要謙虛才能裝進更多想法。我告訴自己不要輕易放過自己，也告訴自己一定要適時放自己一馬。最好的 idea 通常是第一時間捕捉到那個神來一筆的快速直覺，而最棒的創意往往需要長時醞釀、緩慢熟成，不停探索、挖掘到最後一刻才會出爐。我會堅持我相信的，創意和說故事是我的專業，我也願意聽客戶的話，他始終是最了解自身產業和品牌的人。對我來說得不得獎很重要，但有沒有得獎也一點都不重要。發想、提案到執行都要無比認真，不過請記得太認真就輸了。用盡全力去贏得比稿，如果盡力了卻不被青睞，也未嘗不是好事……

　　對，這些看似矛盾的事都是我在說的，它們不是語無倫次、自打嘴巴，也不是雙重人格、精神分裂，更不是意志搖擺的牆頭草。我不喜歡踩極端，比較偏好走中間，或者在該這樣還是要那樣的態度立場上，反反覆覆，依照身體、心智、情緒、環境或資源的不同狀況，動態地尋找一個最適當、舒服的平衡點。

　　物極必反，過猶不及，凡事都有一體兩面，相信我，學會理解其中幽微的奧義，就能聰明靈活地運用兩面手法求取變通之

道，展開加倍包容且富有彈性的創作者生存空間。

　　身為一個戰士，又沒人逼你只能帶上一種兵器，你可以左手持矛，右手拿盾，可攻可守，能進能退，不要自己互打就好了。這樣在創意的競技場上，我們或許可以活得比別人更久一些。

做人

做人比做創意還難，把人做好，創意自然就好。

123 ｜ 在聽你的之前，先聽話

　　做創意最怕乖乖聽話，耳背、反骨和有個性的創意人總是特別令人欣賞。但在我的養成日記中，聽話倒是十分有用的事。

　　我這輩子嘔心瀝血寫的第一篇文案，從當年老闆丸子口中得到的第一句評語是「你寫得很爛。」然後我就在寫什麼都不對，每天像小學生被老師改作文圈來畫去的狀態下，度過我的菜鳥元年。我的爸媽可以作證，我天生就不愛聽話，所以一開始完全無法適應，後來聽 ECD 老杜開導我才恍然大悟，丸子就像我廣告世界的娘親，把我從嬰兒車裡放到地上爬，到能站起來、跨出第一步、向前走，最後跑起來，一步一步拉拔原本什麼都不會的我長大成人。真的是這樣，創意人，尤其是文案的養成，因為太抽象，既難教更不好學，所以必須在工作中用「師徒制」的方式手把手進行。而師父，只為肯學的徒弟存在。

　　那些資深的賢拜身上，一定有什麼專業、知識、方法和經驗值得學習。也是後來當主管才曉得，工作又忙又累，自己來多省事，人家卻願意花時間教你，甚至費力氣罵你，怎能不好好珍惜、感恩？聽話不代表粉碎自我，而是在相信自己的前提下，暫時、換位或者調整頻道，空出某個部分去虛心接受「師父」的指正或要求。面對丸子和後來的 Rich、Murphy 我的心態都是，我就好好

聽話，拚命想、用力寫，一定要做到有一天師父半個字都改不了。達成之後，我會帶著那個提昇的自我，去尋求下一個更高的標準。

　　有一天人們會聽你的，但在那天之前，請先學會聽別人的。還有到了那天，也請記得要更認真地去教別人，那些願意聽你說的人。

I24 | 我不再抽菸，也不再喝酒

　　曾經有位國際廣告創意大咖來台演講，媒體問他：「創意人是不是都會吸菸和喝酒，好讓自己進入創作的狀況？」雖然很抱歉我真的忘了他是誰，但他的回答我卻記得清清楚楚：「我就不會呀，我不相信被尼古丁和酒精傷害的大腦能想出什麼好東西。」

　　抽菸、酗酒（甚至呼麻、用藥）都是人們對創意人的錯誤理解，甚至是部分創意人自己對創意人的錯誤理解。大腦受損之後的狀態稱為「腦殘」，完全無法勝任創意過程中所需要極精密的邏輯思辨、感性想像、語言文字、審美、記憶、溝通和超連結等種種人們簡稱為「聰明」的能力。記得多年前某個要留下來加班討論 idea 的晚上，我建議我老闆 Rich 薛瑞昌大夥兒不妨喝點小酒幫助發想，他覺得有道理就派我和 Kurt 去買了兩支紅酒，我們三個加上鳳娌和 KIT 許統傑在當時奧美三樓窗邊的會議空間喝完之後，有人臉紅、有人頭暈、有人亂講話還有人睡著了，最後 Rich 只好決定大夥兒解散回家明早清醒再來。我承認要我不碰酒實在很難，但從那天起我就再也不在創作的時候喝了。

　　我的前 partner 王老吉 Jimmy Dark 常常一邊抽菸一邊喝酒一邊唱著他擁有原住民血統的表弟教他唱的一首很優美但曲名不詳的部落情歌，進入副歌的第一句便是「我不再抽菸，也不再喝

酒……」非常適合拿來提醒必須保護腦袋的創意人。

　　最後，來個積極轉念，不只保護，更要保養腦袋。你可以一直想一直想，其實就是鍛鍊它。也可以去學冥想，我的偶像大衛‧林區每天中午都會來上一小時。或者可以像我一樣開始跑步，你會發現規律、無聊、孤獨的有氧運動，除了對身體有益，竟然對腦袋也有幫助。

125 在世界的中心呼喊快樂

　　創意是廣告活動發展的核心，除了創意思維的影響力和主導性，創意人員更在其中扮演關鍵角色，不只重要而已，我們是從無到有整個過程中接觸到最多人的那個人。

　　創意會參加座談或訪問碰到市調人員與受訪者；會被策略和業務交付工作，跟組員夥伴不停討論 idea，發想完成再一起進行內部 review；會去面對客戶提案一次兩次甚至三次；會跟製作公司及導演 brief 腳本、開製作會議、監拍、剪接、錄音和後製；會與攝影師、插畫家、音樂創作、技術人員、製造廠商、活動公司、媒體執行或 KOL 等協力單位攜手共創……注意喔，創意是裡頭唯一會與所有角色互動、合作的樞紐，這些彼此不一定會有交集的人圍繞著我們，讓創意成為廣告世界的中心。

　　我曾經是個憤怒的創意，因為創作時莫名的壓力、時間與預算的限制以及無法忍受不完美，時常亂發脾氣、翻臉罵人甚至暴跳如雷。2007 年我當 ACD 時想通了這件事情，如果世界真的以我為中心，那麼一個憤怒的創意，會感染每一個人，最後只能把大家帶往不開心的境地。我決定開開心心當一個陽光的、很 chill 的、有幽默感的創意，我訂下了要讓在工作上跟我有關係的人都感到快樂的年度目標，氣氛會神奇地影響生產和結果，尤其是廣

告這行，那年開始我們為全聯福利中心和多喝水做出了許多好玩的 campaign。

　　身為創意，你必須一肩扛起重責大任，帶頭在世界的中心呼喊快樂。當然，我偶而還是會狗改不了吃屎想要憤怒一下。

126 | 存好心，備好料，
       做好事，加好友

執導《跳舞吧 牧牧》在陽明山平等里搶到夕陽西下前最後一顆鏡頭收工，我坐在九巴上看著窗外掠過的光景，不可思議地回想著拍攝過程中發生的所有幸運，一個接著一個完美得無懈可擊，而且幾乎都與我無關，我不知道該怎麼辦，只能感謝老天爺賞賜的一切，然後告訴自己，一定要好好做人來回報。

除了努力工作、認真學習並且自我要求做一個好創意之外，關於創意中那些神奇到難以解釋的機緣、巧合、靈感和直覺，更重要的，可能是做一個好人吧。

我們為全聯中元節寫的「存好心，備好料，做好事」正好可以參照借用，2020 年 INCEPTION 啟藝的策展人 Ocean 梁浩軒還給了很棒的建議，在後面多一個「加好友」。存好心，就是心存正念，與人為善，關懷社會和世界；備好料，就是充實自己，閱讀、觀察、紀錄，透過生活去體驗，準備好創作的材料；做好事，就是行善積德，也是告訴自己記得要用廣告幹些什麼「好事」；加好友，就是廣結善緣、累積人脈，在身邊安置未來可能出手相助或合作愉快的各路貴人。

存好心，備好料，做好事，加好友。然後耐心等待，創意之神必將眷顧你。

127 | 誠實是最上策，
也是最好的品格

誠實不只是好德性，更該列入廣告人必備的專業，因為它會讓你得到客戶最珍貴的信任。

我非常害怕所謂廣告人的話術，比方「創意昨晚都沒睡」（我睡得很飽）、「他們想了一百個 idea」（明明十個都不到）、「我太太聽到都流淚了」（你太太不是去峇里島？）之類的驚世語錄，我替說的人感到緊張、汗顏甚至難過，對面的客戶都是在業界打滾多年的老手，誰聽不出你在唬爛，創意夠好客戶自然會買單。

全聯某年 SP 找羅景壬導演拍了一支脫口秀的片子，由於舞台燈光設定和他慣用的粗粒質感，A copy 時客戶擔心全聯先生的臉看不清楚，業務為了保護創意情急之下脫口說出：「請放心，經過 B copy 特效處理，他的臉會比現在清楚六倍！」我和羅導眼睛張大互看了一眼，林敏雄董事長開口了：「你們覺得我的幹部都是瞎子嗎？明明就看不清楚呀。」我趕緊舉手：「因為拍攝手法和光線條件的關係，臉的確是模糊，但以人們對 Ralf 的熟悉，還有一開始他辨識度很高的聲音就說『全聯福利中心……』應該不至於不知道是他。」「嘿啊，這樣說還差不多！」雄哥說。

我的好學弟奧美董事總經理 Derrick 曾致暐年輕時與我和 Jimmy 一起出差去 LA 拍王建民，因為歹勢的緣故，他決定隱瞞客

戶我們下午閒閒沒代誌要去 Santa Monica 晃晃的事，結果吃完飯後客戶突然來電說王提前抵達，害怕行跡敗露的我們只好飛車狂奔 Ritz Carlton 會合，大遲到也就算了，竟被安排再重返相同的海邊用餐，看著一行人走錯路卻要假裝沒來過⋯⋯一句不敢老實講的話，得用整晚胡說八道來圓謊。一樣是 Derrick，長大後我們服務的大陸某服飾品牌總經理對他說：「我覺得跟你和大中合作挺愉快，因為你們很誠實，你們不會騙我。」這真是最好的讚美了。

不只誠實面對客戶，還請誠實面對作品，誠實面對自己。

I28 | 必須比新聞還真實的例外

　　撞擊試驗現場，一輛 BMW 汽車以時速 70 公里朝牆面駛去，砰的一聲巨響，車頭自然地潰縮、損壞，工作人員上前檢查受測物，竟然不是車，而是牆上的一塊傢俱板材⋯⋯這是我們為歐德傢俱做的廣告，強調板材的堅固耐用。「靠，板子好像不見了！」「沒有，它還在！」「而且真的完好無缺耶！」大夥兒一起緊張、歡呼，終於鬆了一口氣，原因是雖然做過精密的物理推算擁有一定把握，但誰也不知道真的這樣撞上去結果會怎樣，我們的預算只夠準備一台中古車就撞那麼一次，沒有第二次機會，而且這是一個實證廣告，不准有半點虛假，要是板材有什麼三長兩短，片子也不用上了。現在回想起來，還是覺得當時真的賭很大。

　　「基於事實的誇大」這個創意人與消費者之間的默契有一個例外，就是所謂的真人實證廣告，一旦運用了這種手法，雙方之間的約定立馬轉為童叟無欺、信用至上。如果真的怎麼樣，拍攝另一塊美術處理過的板材，順順地剪在撞擊之後不就得了？當然不可以，作為一個品牌、一個廣告從業人員或一個創意工作者，這種時候，誠實是我們的天職，凌駕一切，甚至比命還重要。

　　阿瘦要推銷一雙氣墊健走鞋，客戶有數據證明可以繞台灣走三圈都不會壞，他們期待感性訴求。我們的 idea 是「真愛旅

程」，一個有洋蔥的真人實證廣告，精挑細選出一對遠距戀愛的素人情侶，讓男子偷偷從高雄出發徒步走到台北向交往六年的女子求婚，她又驚又喜又感動地答應了，兩人擁抱，鏡頭往下 pan 到那雙一路力挺他的阿瘦皮鞋。拍攝前一晚在愛河邊的旅社 final PPM，在沈可尚導演的說明下我們才發現由於拍攝需求、安全考量和時間限制等種種不可抗因素，男主角哲偉將不會真的全用走的，途中許多路段必須搭車，「這樣不是變成走假的？」「怎麼可以？」就算有千百萬個過意不去、無法接受，開拍在即也只能接受，整個團隊照計畫陪著他辛苦跋涉一路向北，最後令人緊張的求婚過程在女主角巧雙喜極而泣的淚水中順利完成。

一切可沒結束，我和業務 Gino 郭震宇、波谷製片李孟謙事後一起去找哲偉，提出兩大理由，一是我們是正派廣告商不是奸商，不能容許自己在真人實證廣告中有任何造假的道德瑕疵；二是巧雙是被他「一路從高雄走到台北」的真心打動才答應嫁給他的，「基於安全考量，部分行程以車代步」是不是有點像愛情騙子？一樣是好人的他答應我們，剛好是廣告上片那天，他再次穿上阿瘦皮鞋從高雄出發，默默地在我們輪班陪伴下依原路線徒步走完全程，儘管無人知曉。對我來說，這是比創意更重要的真心誠意。

129 | 有容乃大創意

　　創意的好壞跟做人有關？心胸狹窄、斤斤計較、小鼻子小眼睛的人做不出大創意，我是說真的。

　　如果說，創意人是一個載體，盛裝上天賦予的 idea，那麼你的心胸、肚量，就決定你可以容納多少、多大的創意。奧美亞太區首席創意官 Reed Collins 是我的老闆，來自澳洲伯斯的他創作過無數偉大作品，2001 年 Fox Sports 的《Alan & Jerome》系列影片是那年全世界獲獎最多的廣告，2018 年 KFC 一套《Hot & Spicy》的平面光在坎城就拿了將近二十隻金獅。Reed 不只喝酒海量而已，曾任奧美大中華區副總裁的蘇宇鈴安妮學姊就曾經認真地跟我說：「我很喜歡 Reed，他是個十分大器的人。」

　　願意把成績與功勞全歸給夥伴、下屬並讓他們被看見的人並不多。在大中華區會議對新上任的全球 CEO Andy Main 報告，還有 Cadre 全球創意年會跟 Global CCO 和 TOP 15 公司創意大頭分享作品時，Reed 都在原本他的部分做球給我 present 台灣的 idea，我用破英文一面講，他會在旁邊一面發出 great～ nice～ cool～ 的讚嘆聲，講完還會立刻收到他的訊息鼓勵我「Giant，你提得真好！」IKEA《Love Collection》情人節社群影片是他的點子，我們協助提案賣給台灣客戶，做了些落地的小調整並撰寫貼文的內容，報獎

時我們覺得不好意思所以主動提出不必被放入創作名單，他跟我說：「我永遠樂意和我的夥伴分享榮耀，而且沒有台灣團隊這個IDEA根本不可能實現。」還有一次是我們在做《UNI-FORM無限制服》時一直試圖爭取能有更多、更大的贊助品牌加入，但受限台灣市場環境和疫情影響進展並不順利，某個週五夜裡他心一急（加上可能有喝幾杯）傳了訊息給我，語帶責難要求我務必把事情搞定，易怒體質的我看了也沒在客氣地回「拜託請相信所有人都盡力了好嗎？很不容易，但我們會繼續拚。」隔天早上跑完步回到家正好手機響起，竟顯示是他的來電，原本以為「靠，真的很逼人耶！」沒想到接起第一句卻是「Giant. I'm so sorry.」他要為昨天的訊息跟我道歉，誠心地道歉，他說我們有很好的團隊、很棒的創意，我們正在做很有意義的事情，應該覺得幸運、感到快樂⋯⋯身為老闆在醒來看到昨晚訊息的第一時間願意放下身段打越洋電話來親自道歉，是不是十分大器？

　　我想這就是為什麼他的創意能量那麼強大的原因之一，大創意來自大格局，於是我也經常提醒自己，要敞開心胸，做個寬宏大量的創意。

相信

就算被人用槍抵著頭也不許動搖喔！

130 | 你的創意會帶你去
你想去的地方

我一直覺得，創意就像你的翅膀，能帶你去任何你想去的地方，只要你相信，然後勇敢做夢。

你的創意會帶你去實現腦海中的畫面，帶你去訴說記憶裡的故事，帶你去嘗試感興趣的風格，帶你去跟心儀的導演、演員合作，帶你去運用新奇的技術，帶你去對需要幫助的族群伸出援手，帶你去為值得關注的議題發聲表態，帶你去坎城拿到夢寐以求的獅子……帶你去將願望清單一條一條 check。

這件事千真萬確，類似的案例在我身上，也在許多創意人身上不斷發生。舉個最簡單的證明，奧美創意總監索非林昭吟一直想去冰島，於是她為國泰世華銀行和長榮航空聯名的信用卡想了一支必須在冰島拍攝的 TVC，然後這支腳本就帶著她和組員們一起去了冰島。我的創意也帶我去認識了王建民，還帶我去巴賽隆納跟梅西握了手……

你想去什麼地方呢？

131 連最小的細節也打死不退讓

　　處女座、完美主義、龜毛、偏執、強迫症……這些都是跟我工作的夥伴常常用在我身上的形容詞，其實我是雙子座，不過代表真我的月亮的確落在處女就是了。

　　請注意，我說的是工作，或者就是創作這件事，在生活上我真的還好，甚至還被許多朋友認為是過分溫和的人，但講到創意、作品，我就會翻臉變身成另外一個人了。一個 idea 的誕生，從發想、撰寫、討論、提案到執行的過程中，會遭遇到各式各樣難以計數的困難險阻，可能是 partner、老闆、業務、客戶，或者是合作的導演、攝影師、技術人員、媒體，甚至是社群、消費者，一點也不誇張，彷彿全世界的人都想要殺死它似的，地球真的太危險，而我很清楚地知道，全世界也只有一個人願意全心全意甚至用生命保護它，那個人就是我自己。

　　只有你會、你能真的保護你的小孩，你的 idea，那是創意人員的天職。儘管在過程中會成為別人眼中任性、難搞、不合群、無法溝通的混蛋，為了讓它長得像你腦海心目中應該要有的模樣，你必須堅持到底，一字一句、一舉一動、一絲一毫……每一個細節都不許放過。

　　記得全聯福利中心第一支廣告片《找不到篇》剪接時，我跟

導演也是我大學同學二哥張恆泰在剪接室，為了呈現明明就在眼前卻找不到，我堅持每個段落的每顆鏡頭裡都要出現全聯福利中心的招牌，好讓消費者也透過視覺進入這樣的荒謬誇張中，但他覺得那樣很蠢，打死不從。我趁他去上廁所時，很超過地坐上導演位子要求剪接師照我的想法修改（拜託請勿模仿，這是因為我們真的很熟），他進來看到氣得快昏倒還飆罵我是他見過「最大隻的 GY 人」，再看了兩遍後他接受用我調整的版本，結果它拿了時報廣告金像獎的全場大獎。據聞類似的情節在 David 龔導演的剪接室也發生過，有個業務做了類似我幹的好事，不同的是最後他被 David 龔海扁一頓。

　　傳說在台灣創意最富生命力的蠻荒年代，前輩孫大偉和林森川討論 idea 意見不合，就是「釘孤枝」決定，聽起來很扯，但以他們對創意的熱情和絕對，我認為可信度極高。你一樣可以選擇做個很優雅、很紳士或者很淑女的創意人，不過千萬記得一旦有人危害你的小孩，別怕臉紅脖子粗，就算齜牙咧嘴、大聲咆哮都行，甚至衝上去大幹一架，一定要義無反顧、在所不惜跟他拚了。

132 | 敬，偉大的客戶

　　在廣告公司內部常聽到：「我們要教育客戶。」（坦白說我年輕時偶爾也掛在嘴邊）我越來越覺得這句話真的有點不知天高地厚。許多我們服務的客戶都是歷史悠久、理念卓越、觀點獨到而且功勳彪炳的品牌或裡頭的主事者，身經百戰的他們自有可敬之處，別說教育，學習都來不及了，NIKE 就是其中的例子。

　　Just Do It 的品牌精神、文化資產不用多說，早已成為整個行業的典範。服務 NIKE 十多年的過程對我來說就是那種痛苦並快樂著的痛快，每個案子都得面對「眼睛長在頭頂上」那種極高標準的嚴格挑戰，像越級打怪，像解鎖技能，像潛力激發，也像出國進修，在艱苦奮鬥中獲得成長所需的寶貴經驗值。

　　因為 NIKE 的鞭策加持，我曾為 SBL 籃賽寫下「傷口不會痛一輩子，但輸球會。」的難忘文案。在那之前我協助客戶以「每一戰，都是決戰」的定位口號贏得 SBL 籃球聯賽主辦權的標案，開幕賽的第一波主視覺運用在全二十頭版報紙稿和場館內的巨幅吊掛看板，標題是「做對手的死神」，視覺靈感來自一張 Michael Jordan 頭披毛巾只露出側臉和鼻子弧線，靜靜獨坐場邊觀戰的經典照片，氣氛肅殺，像極了罩著斗篷的死神。

　　我們通過的提案沿用畫面中飛人的全白毛巾，並找來中華隊

當家中鋒劉義祥擔綱演出。但在執行前，某位客戶要求將毛巾改成當季販售的條紋款式，原因是希望能與銷售掛鉤，以及擔心白色毛巾有「披麻戴孝」觸霉頭的不祥感。「條紋斗篷的死神成何體統？」我們抗議無效，拍攝在即只好白色、條紋兩款都拍，把戰線拉長，看到成品後再來力爭。沒想到那位客戶將兩張稿子拿去內部做碎石子調查，在有點導引式的提問下獲得一面倒支持條紋版的結果。

眼看我們就要做出史上第一個披掛條紋斗篷的荒謬死神，在最後一場關鍵會議中，時任 NIKE 台灣總經理、待過奧勒岡總部的香港人 Jasmine 挺身而出主持公道，她力排眾議同意用白毛巾版的死神，並要求那位客戶未來不准再在內部進行任何形式的測試，因為 NIKE 相信所有品牌行銷人員和廣告代理商的專業和經驗，這個團隊應該被賦予絕對的創意空間和決定權。NIKE 終究不愧是 NIKE，關於「披麻戴孝」她補上一句：「刊登之後有任何問題，我來扛！」留著短髮、個頭嬌小的她，頓時成為我心中的巨人，這真是值得尊敬、學習的偉大客戶。

《做對手的死神》獲得球迷與球員的廣大迴響，並成功墊起了 SBL 賽事的高度，拿下當年時報廣告金像獎平面類的金獎，上台領獎時我的感言很簡短：「謝謝 Jasmine 讓我們用全白的毛巾。」

I33 | 搞清楚你的廣告是做給誰看的

　　有些創意人做廣告是給自己看的，那叫自嗨，做給老闆看的叫揣摩上意，做給客戶看的叫混口飯吃，還有很多是做給評審看的，那叫觀念偏差。

　　我們做的廣告是給消費者看的，活生生、會笑會哭、有血有肉有靈魂的人，與他們溝通、開啟對話並產生互動，我們要娛樂、感動甚至啟發跟我們生長在同一塊土地上的可愛人群。

　　資深創意總監吳至倫當年跟我面試時，我問他原本待的公司無論創意空間和成績也都很棒，為什麼會想來奧美？倫哥說他之前做的得獎廣告好像都只有創意獎的評審在看，他想來跟我們一起做那種能真的被人們看見、讓社會有反應、造成話題甚至轟動的廣告，後來他的確做到了。

　　奧美印度創意教父 Piyush Pandey 拿過的獅子早就已經數不清了，他在坎城創意節演講時卻說「不要在坎城成名，要在你自己家鄉的街上成名。」點頭佩服的同時我覺得倒過來說也不錯……在你自己家鄉的街上成名，然後你會在坎城成名。

134 │ 天天跑步，是我的創意撇步

　　想讓創意變更好，我會建議天天跑。一定有人不信，但我還是樂於分享親身體驗，跑步真的對我產生莫大幫助，沒有跑步，許多我的創作可能都不會存在。

　　很難統計到底有多少文案、畫面、洞察、點子、情節或故事是我在跑步中想到的，總之就是超級多。我常形容每天早上我跑出去，都會在路上撿到三個天上掉下來的 idea，然後一回家就趕快記在本子上。聽起來很像詹姆士·韋伯·揚《創意妙招》提到的「放空」再「頓悟」的過程。我卻發現我和許多正港跑者一樣，跑步時其實無法放空，而是有各式各樣的念頭、思緒從內在深處冒出來，從四面八方撞過來，身體反覆規律的運動，卻讓心智更加寧靜澄澈，進入我稱為「跑動式冥想」的狀態，能找出原本想不透的答案，並抓住稍縱即逝的靈感，一小時的跑步，往往是一天裡最有思考品質的時光。

　　再強的跑者每天還是得克服「不想跑」和「停下來」的心魔，最後跑完設定的目標，發現「我可以」、「我做得到」，昨天今天明天……天天證明一次，所以跑步，根本是一種自信培訓計畫，跑步的人相信自己，相信自己想得到 idea，對創意十分重要。而意志力、堅持和紀律這些與跑者相關的形容詞，正好也是許多優

秀創作者的共通特質。

　　王建民說過站在紅襪芬威球場投手丘面對滿場震耳的叫囂聲，能把因為緊張甚至害怕而直線加速的心跳和呼吸穩定下來，將球投出去，靠的就是日常跑步的有氧心肺訓練。跑步，讓你擁有一顆強大的心臟，去對抗發想創意的壓力、焦慮，或者提案時難免的怯場。

　　準備一雙跑鞋開始跑吧！就算我說的都是唬爛、都沒發生，最起碼身體健康也有助延長創意生命。

135 | 浪漫。

　　少數兩個字就夠，不用多說的標題。我不知道我算不算浪漫，但我喜歡浪漫的人、事、物、情感、記憶、想法……而且我覺得客戶和消費者應該也沒有道理不喜歡。

　　我想說的浪漫，不是愛來愛去那種情調，而是一種情懷。它可能發生在創意發想、工作過程、夥伴關係或者團隊運行中。

　　歷經一年波折完成的威士忌廣告，故事開頭男生在雨中對女生大喊：「Nicole，對不起！」為何是 Nicole？Brut Cake 創辦人兼設計師、藝術家鄧乃瑄是當時整個過程最苦命的業務，英文名字就叫 Nicole，全世界都應該跟她說聲對不起。

　　Waterman 出專輯那年，我們興奮又緊張地做了精彩的提案，味丹行銷協理洪君儒說聽完奧美的提案只有兩個字……「感動」，他補上，做廣告這麼久，如果能留下一張 CD，十年後跟小孩說我們以前出過唱片，會是一件多麼浪漫的事。

　　全聯《我的夢想》在深坑店外的草地搭了演講台，讓一百位小人物站上去發表演說「省下的錢想去完成什麼夢想？」每個夢想家都渺小卻偉大地足以成為三十秒電視廣告的主角。

　　Brief 羅導多喝水《曖昧篇》時他問：「為什麼他們要坐在河堤？而不是公園、司令台或海邊……」我有點難為情地說：「因

為當年我和那女生就是坐在河堤……」「喔，那請問是哪個河堤？」羅導後來真的選擇回到那個河堤拍攝。

阿瘦《真愛旅程》要真人真事從高雄走到台北求婚，拍攝前夕在愛河旁旅館最後 PPM，我才知道基於取鏡、時間和安全考量，許多路段是坐車再下來拍攝。影片完成後我說服主角哲偉，重走一次，我們團隊輪班陪走，即使無人知曉。

台灣奧美集團 CEO Daniel 李景宏剛當董事總經理那年，我們輸掉彩券的重要比稿，加起來九連敗，他卻請我在公司大會分享當時的腳本《After Dark》：夜裡酣睡的人們做著夢，夢想在額頭形成光點，這些光點匯聚、集結，翻過斜坡最終消失在路的盡頭，一片黑暗之後，它們化作一顆巨大的太陽升起，天亮了，充滿希望，結語是「夢想會帶領世界，勇往直前。」原來，他是要藉此鼓勵大家，他是我見過最浪漫、有情懷的 CEO。

總之，我就是特別喜歡浪漫，那些無可救藥的浪漫的人事物。

136 │ 創意部該有的樣子

2015 年奧美創意部成立 contenTable，由現在的 ECD 蔣依潔 EJ 領銜組隊，嘗試以精良的創意能量投入優質社群內容的創作，一方面對外展示火力，一方面對內累積並分享經驗。不僅如此，打破既有個人座位格局，讓創意人員和所有專案參與者圍繞著舊木回收拼板製成的大桌為核心的共創場域設計，也是實驗的一部分。

桌桌的成功，為我們在 2017 年進行的創意部空間改造計畫提供了靈感，拆掉所有隔間，除了原有的 contenTable，增加了包括 contenTable 2 在內的十張大木桌。概念是要打造一個更像創意部的創意部，一個更歡迎 ACCOUNT 和 STRATEGIST 隨時加入一起發想討論的創意部，一個更有工作感與生產力的創意部。我們為十張桌子命名，規則是依照 contenTable 的組成結構，尋找結尾是 T 的單字，第一個字母小寫，最後的字母 T 與 Table 的 T 共用大寫，並且寫下每一桌的意義。

contenTable

我們產出內容，令人有感、別具意義的內容。

nexTable

不追隨 NOW，我們思考 NEXT。

idioTable

只有傻瓜才會這樣做，這樣才會做出別人做不到的。

forgeTable

忘記，就是一種創意。

impacTable

想像我們是一群研發原子彈的科學家。

momenTable

即時性、時代感，讓我們更性感。

everesTable

「因為山就在那裡。」

justdoiTable

從說什麼、怎麼說，到做什麼、怎麼做。

rebelianTable

太叛逆、愛造反，所以波蘭文也拿來用。

experimenTable

沒有前例可循，無法預知結果，那就對了。

　　這些就是我覺得創意部該有的樣子，既老派又當代，還有一點未來感，也是我們仍在努力前行的方向。

I37 | 誰想要改變世界？我！

「你為什麼想要做廣告？」

「我想要改變世界……」

這是入行前我的答案，也是閒聊或面試時許多創意人口中的答案。然後，在真槍實彈的廣告工作中，因為市場取向、客戶包袱和公司機器的種種限制，這樣的期待對大部分人來說，卻如夢幻泡影般變成天方夜譚。

不管你變了沒，我一直沒變，我心裡那個答案依舊理直氣壯，如果問我，我還是會這樣大聲說。前輩有云：「莫忘初衷，全力以赴。」堅持是一種非常具有美感的過程，我們慢慢等待，有一天時機到來。

一切是從 2006 年 David Droga 做的 Tap Water 開始，一件一件透過創意力量改變並讓世界更好的案例，像野火般慢慢燃燒擴散直到如今已成燎原烈焰。2015 年 Unilever CMO Keith Weed 在坎城的演講《Marketing for People》煽動了整個行業，2016 年聯合國秘書長潘基文更找來包括 WPP、Omnicom、Publics、IPG、Dentsu 和 Havas 所謂 BIG SIX 的六位 CEO 一起手牽手承諾為達成十七項永續發展目標而努力，場面之盛大讓廣告人相信自己真的變成什麼咖，我們手上握著足以改變世界的力量。

David Droga 在 One Show 論壇上提起 Tap Water 時，那個像小孩子一樣心滿意足的神情說明了一切。有人說，這是做廣告創意最好的年代，我認為那絕不是因為技術的革新、媒體的多元或社群的蓬勃，而是我們的工作內容在本質上發生了改變，那些理念、精神、態度層面的想望正轉化成實際作為，讓世人開始驗證、相信甚至期待廣告人可以為這個世界做些什麼。所以，如果你深埋在心中的那個答案剛好跟我一樣，現在真的就是我們做廣告創意最好的年代！

　　「你為什麼想要做廣告？」

　　「我想要改變世界……哪怕只是一點點都好！」

138 從頭到尾我都是一個做創意的

我成為創意長之後某次被媒體採訪，記者問到在奧美二十年一路從文案、創意總監、執行創意總監做到創意長，現在心態上有什麼不一樣？我回答她：「沒有耶，都一樣。」接 BRIEF，跟 team 一起想好玩的鬼點子，把它賣給客戶，然後做出來，讓人們看見，去解決什麼、幫助什麼或改變什麼。我第一天當文案的時候是這樣，今天當了創意長還是這樣，就是做創意該做的事，做我喜歡做的事，每天都一樣。

我當 ECD 的時候有次跟我同學蔡明丁一起做國泰世華 KOKO 電子錢包上市的案子，我們大學常常同組做作業，畢展也是一組的，還記得組名很響亮叫「棒棒堂」，我們是同一天加入奧美當菜鳥文案的，因為在不同的組，後來他還去了別的公司三進三出奧美，所以一直沒機會再合作。我們花了兩週的時間，發想創意、開會討論、準備提案，最後賣過了我們都很喜歡的 idea：要推出一系列虛構的時尚精品包款。提完案走回公司的路上我有感而發跟丁丁說，這兩個禮拜就好像回到我們唸書時一起做創意一樣，只是我們提案的對象從學校老師變成金控老闆，我們的鬼點子會真的被做出來，而且，我們可以靠這個賺錢。

不管我是誰，坐什麼位子，拿哪張名片，我都是一個做創意的，那個我一開始就喜歡也想要做的創意。

龔大中 Giant Kung

作者簡介

在眷村玩耍長大的不良少年，唸過文林國小、明德國中、建國中學，輔大廣告系畢業，打過第四棒中外野手，高校籃球大前鋒，官拜空軍政戰少尉。

2000 年加入奧美廣告成為文案，許多人求之而不可得的創意，幸運地成為他的工作，現任台灣奧美集團創意長。服務全聯福利中心、IKEA、NIKE、味丹多喝水、福斯汽車、國泰金控等品牌，得過國內外一些指標性的廣告獎，2016 年拿到台灣唯一一支 One Show 金鉛筆並獲選傑出廣告創意人，還意外躋身 GQ 雜誌 Men of the Year，也是 2022 年 Campaign Asia 的 Greater China Creative Person of the Year。

在創意人的身分外，slash 導演、助理教授、作詞人、專欄作家和跑者。著有《我在跑步》、《當創意遇見創意》和《迷物森林》，以及現在這第四本原來很不好意思最後還是厚顏寫出來的《創意龔作心得報告》。

白傑 Chieh Pai

繪者簡介

1992 年出生於台灣花蓮，過去從事設計與品牌工作，2021 年畢業於英國皇家藝術學院 (Royal College of Art) 插畫系，目前為自由工作者，專注於插畫與版畫創作，擅長透過黑白線條反映日常生活。曾在倫敦、台北、台中及花蓮辦展，合作客戶有臺灣高鐵、全聯福利中心、好好生活等品牌。

Big 406

創意龔作心得報告

作　　　者—龔大中
繪　　　圖—白傑的左手
責任編輯—廖宜家
主　　　編—謝翠鈺
企　　　劃—陳玟利
美術編輯—初雨有限公司（ivy_design）
封面設計—白傑

董 事 長—趙政岷
出 版 者—時報文化出版企業股份有限公司
　　　　　一〇八〇一九台北市和平西路三段二四〇號七樓
　　　　　發行專線—（〇二）二三〇六六八四二
　　　　　讀者服務專線—〇八〇〇二三一七〇五
　　　　　（〇二）二三〇四七一〇三
　　　　　讀者服務傳眞—（〇二）二三〇四六八五八
　　　　　郵撥—一九三四四七二四時報文化出版公司
　　　　　信箱—一〇八九九　台北華江橋郵局第九九信箱
時報悅讀網—http://www.readingtimes.com.tw
法律顧問—理律法律事務所　陳長文律師、李念祖律師
印　　　刷—勁達印刷有限公司
初版一刷—二〇二三年一月十八日
定　　　價—新台幣五〇〇元
缺頁或破損的書，請寄回更換

創意龔作心得報告 / 龔大中著 . -- 初版 . -- 臺北
市 : 時報文化出版企業股份有限公司 , 2023.01
　　面；　公分 . -- (Big；406)
ISBN 978-626-353-305-9(平裝)

1.CST: 廣告創意 2.CST: 廣告實務 3.CST: 經驗

497.2　　　　　　　　　　　　111020615

ISBN 978-626-353-305-9
Printed in Taiwan

時報文化出版公司成立於一九七五年，
並於一九九九年股票上櫃公開發行，於二〇〇八年脫離中時集團非屬旺中，
以「尊重智慧與創意的文化事業」爲信念。